面向新工科高等院校大数据专业系列教材

信息技术新工科产学研联盟数据科学与大数据技术工作委员会　推荐教材

Data Analysis and Visualization

数据分析及可视化

Tableau原理与实践

杨尊琦 / 主编

机械工业出版社

CHINA MACHINE PRESS

随着数据集的增加，数据的呈现和故事化已成为大数据研究的必然趋势。本书结合 Tableau 软件的应用，由浅入深地讲述使用 Tableau 进行数据分析的方法和技巧。以数据分析的思维和 Tableau 的具体操作作为讲授的主要内容，结合具体的数据集案例，使读者深刻体会到数据可视化的作用。本书内容包括：大数据及数据可视化基础、Tableau 家族、Tableau Desktop 简介、Tableau 操作、Tableau 数据分析、Tableau Desktop 基础图表、创建 Tableau 地图、Tableau 仪表板、Tableau 技法、Tableau 创建故事、Tableau 成果输出。还有一章用来展示大数据的作品设计和开发。

本书适合作为数据科学与大数据技术相关专业和统计专业的可视化教材及相关行业的大数据分析及可视化的培训用书。

本书配有授课电子课件，需要的教师可登录 www.cmpedu.com 免费注册，审核通过后下载，或联系编辑索取（微信：15910938545，电话：010-88379739）。

图书在版编目（CIP）数据

数据分析及可视化：Tableau 原理与实践 / 杨尊琦主编. —北京：机械工业出版社，2022.5
面向新工科高等院校大数据专业系列教材
ISBN 978-7-111-70376-1

Ⅰ.①数…　Ⅱ.①杨…　Ⅲ.①可视化软件-高等学校-教材　Ⅳ.①TP31

中国版本图书馆 CIP 数据核字（2022）第 045945 号

机械工业出版社（北京市百万庄大街 22 号　邮政编码 100037）
策划编辑：郝建伟　　责任编辑：郝建伟　胡　静
责任校对：张艳霞　　责任印制：常天培

北京机工印刷厂印刷

2022 年 7 月第 1 版·第 1 次印刷
184mm×260mm·16 印张·4 插页·396 千字
标准书号：ISBN 978-7-111-70376-1
定价：69.00 元

电话服务　　　　　　　　　　　　网络服务
客服电话：010-88361066　　　　　机　工　官　网：www.cmpbook.com
　　　　　010-88379833　　　　　机　工　官　博：weibo.com/cmp1952
　　　　　010-68326294　　　　　金　书　网：www.golden-book.com
封底无防伪标均为盗版　　　　　机工教育服务网：www.cmpedu.com

面向新工科高等院校大数据专业系列教材
编委会成员名单

（按姓氏拼音排序）

前　　言

数据可视化体现在快捷、便利，为管理者提供直接的视觉感知；可视化又能洞见出一般报表看不到的内涵；可视化给组织和个人提供增值的能力早已被业界所认可。作为大数据分析平台、商务智能市场的领先产品，Tableau 分析平台使人们能够更加轻松地探索和管理数据，更快地发现和共享可以改变企业和世界的见解。Tableau 是极其强大、安全且灵活的端到端分析平台，提供从连接到协作的一整套功能，凭借人人可用的直观可视化分析，打破了商务智能行业的原有格局。

Tableau 提供了更实用的机器学习、统计、自然语言和智能数据准备功能，从而增强用户在分析中的创造力；将数据运算与美观的图表完美地融合在一起，使用者可以用它将大量数据拖放到数字"画布"上，转瞬间就能创建出各种图表。

Tableau Desktop 是基于斯坦福大学突破性技术的软件应用程序。它能够帮助用户生动地分析实际存在的任何数据，并在几分钟内生成美观的图表、坐标图、仪表盘与报告。利用 Tableau 简便的拖放式界面，用户可以自定义视图、布局、形状、颜色等，帮助展现自己的数据视角。

作为大数据行业从业人员，掌握几种大数据分析工具是必须的。Tableau 使得人人都能轻松驾驭数据使之成为分析图形，一旦掌握了该工具就能为参与企业实践提供有力的帮助。企业、事业、政府机构等组织也需要分析大量已有的数据集，Tableau 也是友好的数据分析工具。

本书具有以下特点：（1）介绍可视化基本概念与原理：第 1 章了解大数据概念，数据采集及挖掘和熟悉数据可视化概念、技术与应用的学习和实践活动，将数据可视化相关概念、基础知识和使用技巧融入本书中，使学生保持浓厚的学习热情，加深对数据可视化技术和运用的兴趣、认识、理解和掌握。努力让非技术专业的读者也能看懂大数据的知识、理论及方法。（2）讲解与实际操练并重：从工作簿的图形制作开始，一步一步教会读者如何操控数据集使之变为图表。集成的工作簿形成仪表板，综合反映组织的整体运营状况。（3）作品赏析与说明：第 12 章从历年学生作品中选出具有代表性的作品，附带开发说明书，使读者能复原原有作品，方便练习。书后的插页给出了书中部分图片的清晰彩色版本。

本书由天津财经大学可视化教学团队编写。参加编写工作的人员具体分工为：杨尊琦负责大纲的制定、第 1、12 章撰写，全书的校改和实验设计等工作；汪燕昕负责第 2 章和第 10 章的撰写；张雨涵负责第 3 章的撰写；谢洋洋负责第 4 章的撰写；马榕培负责第 5 章的撰写；刘硕负责第 6 章的撰写；王晴负责第 7 章的撰写；吴宏玉负责第 8 章的撰写；陈嘉倩负责第 9 章的撰写；史佳欣负责第 11 章的撰写。本书在编写过程中参考了很多优秀的教材、专著和网上资料，在此对所有被引用文献的作者表示衷心的感谢。

特别要感谢机械工业出版社郝建伟编辑的鼎力支持和本书编辑们的辛勤工作。

由于编者水平有限，书中难免有不当之处，希望读者朋友给予指正，不吝赐教。

编　者

目 录

第 1 章
大数据及数据可视化基础

随着互联网、物联网的迅猛发展，堆积出不断增长的数据集合，这些数据集里蕴含着大量有用的、有意义的信息和知识。显然，大数据已成为组织的重要资源，数据分析、数据挖掘会给组织、企业、政府等机构提供重要的参考内容和决策依据。以往的数据表格式的各种报表在经济领域里发挥了强有力的作用，大数据环境中，数据可视化方式可以为各级管理者提供决策支持和洞见。

通过人的视觉器官浏览可视化内容，投影到大脑中，在直观阅读的同时，也能快速理解和了解数据图形的本质和价值。通过了解大数据的基本定义、结构、特征等基本知识，了解数据分析和数据挖掘的商业意义和商业价值，特别是数据分析的最后环节——数据呈现，即数据可视化。下面开启学习大数据分析平台 Tableau 的旅程。

1.1 大数据基础

大数据概念和经典数据库概念不同，大数据的定义给出全新的外延和内涵，包括海量和多类型数据，认识和辨识数据的主要特征，为数据分析、数据挖掘和呈现可视化效果做准备。本节介绍大数据的时代、大数据的结构特征、大数据的价值等。

1.1.1 大数据涌现

21 世纪初，台式计算机接入互联网以后，产生了第一次数据积累。又过了十年，智能手机的出现，让每个人手持至少一部移动设备，智能手机可以在互联网上接收数据又可以传送数据。电子购物订单的下单、查询、售后可随时随地操作；社交网络的语音、图片、视频也可随时与朋友家人分享。在企业，智能车间里的传感设备可以随时诊断设备和环境的数据指标。在街区、办公室、商场、电梯间等公共区域布置了密集的摄像头，摄像头记录下了每分每秒的场景情况，还有卫星定位系统也记录下每一个物体的所在位置和行动轨迹。图 1-1 可表达为互联网和物联网下的大数据来源。

> 📖 互联网、物联网打破了数据传输的时间和空间的限制，数据的积累达到了前所未有的高度。由此可称
> 为数据涌现。

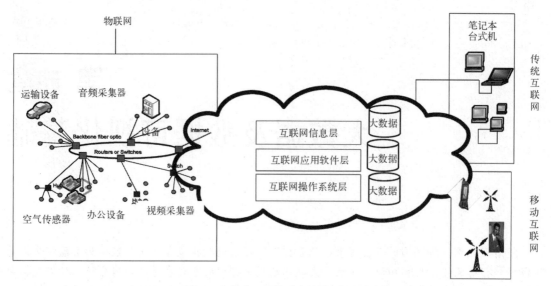

图 1-1　互联网和物联网下的大数据

1．大数据定义

大数据（Big Data）研究机构 Gartner 给出了这样的定义，"大数据"是需要新处理模式才能具有更强的决策力、洞察发现力和流程优化能力来适应海量、高增长率和多样化的信息资产。

麦肯锡全球研究所给出的定义是：一种规模大到在获取、存储、管理、分析方面超出了传统数据库软件工具能力范围的数据集合，具有海量的数据规模、快速的数据流转、多样的数据类型和价值密度低四大特征。大数据技术的战略意义不在于掌握庞大的数据信息，而在于对这些含有意义的数据进行专业化处理。换而言之，如果把大数据比作一种产业，那么这种产业实现盈利的关键，在于提高对数据的"加工能力"，通过"加工"实现数据的"增值"。

2．大数据的涌现特征

大数据的涌现特征表现出与以往结构式数据库截然不同的特征，掌握这些特点有利于开发和利用这个庞大的资源。

1）**粒度缩放**是数据粒度细化标准，细化程度越高，粒度越小；细化程度越低，粒度越大。大数据下的粒度可以理解为像素的概念，即数据呈现的清晰度。当街区只有 2 个摄像头和街区有 20 个摄像头时所记录下来的内容细度显然不同，描绘行人行动轨迹的细度也不同。

2）**跨界关联**是指突破了原有领域的逻辑和物理边界，外部的某一个扰动可能引领新的走势或拐点。例如，社交网络中某个网红吸引了众多粉丝，网红直播带货产生了不同于营销广告的效果，就是跨越了原有营销渠道，从社交商务环境中产生的效应。

3）**全局视图**是指个体特征的堆积反映出群体的行为。例如，在购买商品方面，通过大量样本的统计和分析，平台能够了解不同人群的消费特点，进而通过某个智能算法提供个性化推荐，这样平台就可以掌握个体行为，也可以把控整体战略部署。

1.1.2　大数据特征

大数据特征是麦塔集团（META Group）分析师道格·莱尼（Doug Laney）在 2001 年首先提出的，他在《3D 数据管理：控制数据数量、速度及种类》中阐述到："数据激增的挑战和机遇是三维的，不仅仅在通常所说的数据容量大（Volume）层面，还包括数据处理速度快（Velocity）以及数据种类多（Variety）"。在此基础上，Gartner、IDC 等国际咨询机构又提出了数据准确性（Veracity）、数据可视性（Visualization）与合法性（Validity）等要求。下面给出大数据多视角的特点。

1. 七个 V 的结构特征

- 容量（Volume）：数据的大小决定所考虑的数据的价值和潜在的信息。
- 种类（Variety）：数据类型的多样性。
- 速度（Velocity）：获得数据的速度。
- 可变性（Variability）：妨碍了处理和有效地管理数据的过程。
- 真实性（Veracity）：数据的质量。
- 可视性（Visualization）：强调数据的显性化展现。
- 价值（Value）：合理运用大数据，以低成本创造高价值。

七个 V 的结构特征普遍存在，为了抓住重点，以下讨论普遍认同的数据容量大、速度快、类型多和价值密度稀疏这四个最基本的特征。

2. 四个 V 的结构特征：

1）产生速度快（Velocity）。实时分析而非批量式分析；立竿见影而非事后见效。在线处理和在线分析成为常态。每时每刻互联网和物联网上产生大量的数据积累，这些数据的应用效果和应用效率是随时间延续而快速衰减的。

2）数据量大（Volume）。互联网的飞速发展，导致非结构化数据高速增长和超大规模，占到数据总量的 80%～90%之多，比结构化数据增长快 10 倍到 50 倍，是传统数据仓库的 10 倍到 50 倍。数据的大小可以用字节来表示。最小的基本单位是 bit，按由小到大的顺序给出所有单位：bit、Byte、KB、MB、GB、TB、PB、EB、ZB、YB、BB、NB、DB。它们按照进率 1024（2^{10}）来计算。

3）数据类型全（Variety）。大数据是异构的且多样性的。大数据存在诸多不同的表现形式：文本、图形图像、视频、机器数据等；非结构或者半结构数据；不连贯的语法或语义等。

4）价值密度稀疏（Value）。数据价值密度的高低与数据总量的大小成反比，数据价值密度越高，数据总量越小，数据价值密度越低，数据总量越大。任何有价值的信息的提取依托的就是海量的基础数据。可以理解为有价值的数据被海量数据稀释，也就是大数据集合里面含有敏感数据、缺失数据、异常数据等，所以才有脱敏、去噪声的大数据清洗工作。

下面专门介绍各种类型的详细说明，方便对不同数据类型实施不同的分析和挖掘方案。

3. 数据类型的多样性

大数据解决方案中数据的多样性是指需要支持多种数据格式和类型。数据多样性给企业带来了数据方面的挑战，数据的管理包括：集成、转换、处理和存储。

大数据的数据类型多样性可归为四类。

1）结构化数据（Structured Data）：能够用数据或统一的结构加以表示，人们称之为结构化数据，简单来说就是数据库。结合到典型场景中更容易理解，比如企业 ERP、财务系统；医疗 HIS 数据库；教育一卡通；政府行政审批；其他核心数据库等。今天，维系各组织中运转的数据库系统就是典型的结构化数据，在整个社会运转中发挥着重要作用。

2）半结构化数据（Semi-structured Data）：和普通纯文本相比，半结构化数据具有一定的结构性。和具有严格理论模型的关系数据库的数据相比，就是介于完全结构化数据和完全无结构数据之间的数据，XML、HTML 文档就属于半结构化数据；还有一类是物联网中大量的传感设备中的数据。例如，网上的个人简历，既有结构数据特点又有非结构数据特点。例如，不像员工基本信息那样一致，每个员工的简历大不相同。有的员工的简历很简单，比如只包括教育情况；有的员工的简历却很复杂，比如包括工作情况、婚姻情况、出入境情况、户口迁移情况、政治面貌、技术技能等，还有可能有一些没有预料的信息。

3）非结构化数据（Unstructured Data）：相对于结构化数据（即行数据，存储在数据库里，可以用二维表结构来逻辑表达实现的数据）而言，不方便用数据库二维逻辑表来表现的数据即称为非结构化数据，包括所有格式的办公文档、文本、图片、标准通用标记语言下的子集XML、HTML、各类报表、图像和音频/视频信息等。非结构化数据库是指其字段长度可变，并且每个字段的记录又可以由可重复或不可重复的子字段构成数据库，用它不仅可以处理结构化数据，而且更适合处理非结构化数据。例如，社交网络产生的大量文本文件、音频、视频、图片等。

4）元数据（metadata）：又称中介数据、中继数据，是描述数据的数据（Data About Data），主要是描述数据属性的信息，用来支持如指示存储位置、历史数据、资源查找、文件记录等功能。

1.2　数据分析与数据挖掘

大数据分析与数据挖掘可以从海量数据中，找到值得参考的模式或规则，转换成有价值的信息、洞察或知识，创造更多新价值。要想在数据集中挖掘出有价值的东西，就要经过严格的数据处理，由数据分析的结果产生信息，由数据挖掘的结果产生知识和规则。

1．数据分析与数据挖掘定义

大数据分析与数据挖掘可以理解成相互包含的，也可以理解为两个层面的定义。下面的内容是两者在不同层面上的定义。

1）数据分析：用适当的统计分析方法对收集来的大量数据进行分析，将它们加以汇总和对比，以求最大化地开发数据的功能，发挥数据的作用。数据分析的目的是：对隐藏在一大批看似杂乱无章的数据中的信息进行分类、汇总或提炼出新的信息或知识，从而找出所研究对象的内在规律，提取有用信息和形成结论而对数据加以详细研究和概括总结。

2）数据挖掘定义：又称数据集中的知识发现，就是从大量数据中获取有效的、新颖的、潜在有用的、最终可理解的模式的非平凡过程，简单地说，数据挖掘就是从大量数据中提取或挖掘知识。数据挖掘的目的是：从大量的数据中通过算法搜索隐藏于其中的信息。

2．数据分析与数据挖掘的区别

数据分析只是在给定的假设和先验约束上处理原有计算方法、统计方法，将数据分析转化为信息，而这些信息如果需要进一步地获得认知，进而转化为有效的预测和决策，就需要数据挖掘。

数据分析是把数据变成信息的工具，数据挖掘是把信息变成认知的工具，如果我们想要从数据中提取一定的规律（即认知）往往需要结合使用数据分析和数据挖掘。

1）运用方法不同：数据分析主要通过统计、计算、抽样等相关的方法来获取基于数据库的数据表象的知识。数据挖掘则主要通过机器学习或者是通过数学算法等相关的方法来获取深层次的知识。

2）对编程能力的要求不同：数据分析不需要太高的编程技巧，很多用到的都是 SPSS、Excel、SAS 等成型的分析工具，而数据挖掘往往需要一定的编程基础，对编程水平有较高的要求，更侧重于技术方向。

3）侧重解决的问题不同：数据分析主要在于通过观察数据来对历史数据进行统计学上的分析，而数据挖掘则是通过从数据中发现"知识规则"来对未来的某些可能性做出预测，更注重数据间的内在联系。

4）对专业知识的要求不同：数据挖掘比数据分析更有深度，但广度上略逊于数据分析。

数据分析与数据挖掘的区别，如表 1-1 所示。

表 1-1　数据分析与数据挖掘的区别

比较方面	数据分析	数据挖掘
数据量	数据量一般不太大	数据量通常很大
约束	从一个假设出发	可以不需要既定假设
数据对象	结构化数据	结构数据、半结构数据和非结构数据
结果	对结果进行解释	结果不宜解释，着眼于分类、预测和提出建议

3. 数据分析与数据挖掘的主要方法

大数据分析方法，根据流程包括了大数据采集方法、大数据清洗方法、大数据存储方法、大数据分布式计算方法、大数据分析模型构建方法、大数据分析模型优化方法。本书提供了实用价值较高的大数据分析的方法。这些方法包括基本的大数据分析与挖掘方法，其他方法读者可以在专门的书籍中进行学习。

1.3　数据可视化

数据可视化指综合运用计算机图形学、图像、人机交互等技术，将采集或模拟的数据映射为可识别的图形、图像、视频或动画，并允许用户对数据进行交互分析的理论、方法和技术。现代的主流观点将数据可视化看成传统的科学可视化和信息可视化的泛称，即处理对象可以是任意数据类型、任意数据特性以及异构异质数据的组合。针对复杂和大尺度的数据，已有的统计分析或数据挖掘方法往往是对数据的简化和抽象，隐藏了数据集真实的结构，而数据可视化则可还原乃至增强数据中的全局结构和具体细节。因此，数据可视化能将不可见的现象转换为可见的图形符号，并从中发现规律和获取知识。

1.3.1　数据可视化分类

数据可视化的处理对象是数据库或者进一步发展为大数据时代下的数据集。由于数据的类型繁多，又表现在不同的领域里，根据发展的历程先有科学可视化，后来有了信息可视化，以及可视分析学。

广义上，科学可视化面向科学和工程领域数据，如空间坐标和几何信息的三维空间测量数据、计算模拟数据和医学影像数据等，重点探索如何以几何、拓扑和形状特征来呈现数据中蕴含的规律。信息可视化的处理对象则是非结构化、非几何的抽象数据，如金融交易、社交网络和文本数据，其核心挑战是针对大尺度高维复杂数据如何减少视觉混淆对有用信息的干扰。由于数据分析的重要性，将可视化与分析结合，形成一个新的学科：可视分析学。数据可视化构成如图 1-2

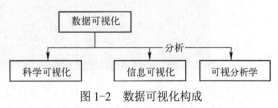

图 1-2　数据可视化构成

5

所示。

1．科学可视化

科学可视化是可视化领域发展最早、最成熟的一个学科，其应用领域包括了自然科学，如物理、化学、气候气象、航空航天、医学、生物学等各个学科，涉及对这些学科中数据和模型的解释、操作与处理，旨在寻找其中的模式、特点、关系以及异常情况。

科学可视化的基础理论与方法已经相对成熟。早期关注点主要在于三维真实世界的物理化学现象，其数据通常定义在二维或三维空间，或包含时间维度。按数据的类别，科学可视化可大致分为三类，分别为：标量场可视化、向量场可视化和张量场可视化。

1）标量场每个数据点记录一个标量值。标量值的来源分为两类。第一类从扫描或测量设备获得，如医学断层扫描设备获取的 CT、MRI 三维影像；第二类从计算机或机器仿真中获得，如核聚变模拟中产生的壁内温度分布。

2）向量场可视化的主要关注点是其中蕴含的流体模式和关键特征区域。向量场每个采样点记录一个向量（一维数据）。向量代表某个方向、趋势，例如实际测得的风向、旋涡；数据仿真计算得出的速度和力等。在实际应用中，二维或三维流场是最常见的向量场，流场可视化是向量场可视化中最重要的组成部分。

3）张量是向量的推广：标量可看作 0 阶张量，向量可看作 1 阶张量。张量场可视化方法可分为基于纹理、几何、拓扑三类。基于纹理的方法将张量场转换为一张动态演化的图像（纹理），图示张量场的全局属性，其思路是将张量场简化为向量场，进而采用线积分法、噪声纹理法等方法显示。

以上分类不能概括科学数据的全部内容。随着数据复杂性的提高，一些文本、影像、信号数据也开始成为科学可视化的处理对象，且其呈现空间变化多样。有关科学可视化的具体内容，相关专业书有阐述。大到太空宇宙，小到细菌病毒，科学探索从未停止，科学可视化的辅助也从未停歇。图 1-3 所示为中科院绘制的黑洞可视化。

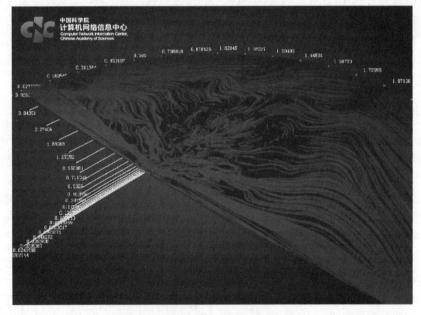

图 1-3　凤凰涅槃——黑洞可视化

（作者：中科院计算机网络信息中心交互式实验室）https://www.sohu.com/a/281354497_634549

2. 信息可视化

信息可视化处理的对象是抽象的、非结构化的数据集合（如文本、图表、层次结构、地图、软件、复杂系统等）。与科学可视化相比，信息可视化更关注于抽象、高维的数据。传统的信息可视化起源于统计图形学，与信息图形、视觉设计等现代技术相关，其表现形式通常在二维空间，因此关键问题是在有限的展示空间中以直观的方式传达抽象信息。在大数据爆炸时代，信息可视化面临巨大的挑战：在海量、动态变化的信息空间中辅助人类理解、挖掘信息，从中检测预期的特征，并发现未预期的知识。各种各样数据结构的可视化需要新的用户界面以及可视化技术方法。这已经发展成为一门独立的学科，也就是"信息可视化"。信息可视化与经典的科学可视化是两个彼此相关的领域，但二者却有所不同。在信息可视化当中，所要可视化的数据并不是某些数学模型的结果或者是大型数据集，而是具有自身内在固有结构的抽象数据。

此类数据的例子包括：

- 编译器等各种程序的内部数据结构，或者大规模并行程序的踪迹信息。
- WWW 网站内容。
- 操作系统文件空间。
- 从各种数据库查询引擎那里所返回的数据，如数字图书馆。

信息可视化领域的另一项特点就是，所要采用的那些工具有意侧重于广泛可及的环境，如普通工作站、WWW、PC 等。这些信息可视化工具并不是为价格昂贵的专业化高端计算设备而定制的。例如，银行可通过仪表盘实时查看某个省份的存贷款信息，如图 1-4 所示。

图 1-4　几个城市的存贷款可视化

http://www.fanruansem.com/finebi/visual?utm_source=ad&utm_medium=360tg&utm_campaign=bikeshihua&utm_term=visual

3. 可视分析学

可视分析学被定义为一门以可视交互界面为基础的分析推理科学。它综合了图形学、数据挖掘和人机交互等技术，以可视交互界面为通道，将人的感知和认知能力以可视的方式融入数据处理过程，形成人脑智能和机器智能的优势互补和相互提升，建立螺旋式信息交流与知识提炼途径，完成有效的分析推理和决策。

新时期科学发展和工程实践的历史表明，智能数据分析所产生的知识与人类掌握的知识的差异正是导致新的知识发现的根源，而表达、分析与检验这些差异必然需要人脑智能的参与。另一方面，当前的数据分析方法大都基于先验模型，用于检测已知的模式和规律，对复杂、异构、大尺度数据的自动处理经常会失效，如数据中蕴含的模式未知、搜索空间过大、特征模式过于模糊、参数很难设置等。而人的视觉识别能力和智能恰好可以辅助解决这些问题。另外，自动数据分析的结果通常带有噪声，必须人工干预。为了有效结合人脑智能与机器智能，一个必经途径是以视觉感知为通道，通过可视交互界面，形成人脑智能和机器智能的双向转换，将人的智能特别是"只可意会，不能言传"的人类知识和个性化经验可视地融入整个数据分析和推理决策过程中，使得数据的复杂度逐步降低到人脑智能和机器智能可处理的范围。这个过程，逐渐形成了可视分析这一交叉信息处理的新思路。

可视分析学可看成将可视化、人的因素和数据分析集成在内的一种新思路。其中，感知与认知科学研究人在可视化分析学中的重要作用；数据管理和知识表达是可视分析构建数据到知识转换的基础理论；地理分析、信息分析、科学分析、统计分析、知识发现等是可视分析学的核心分析论方法；在整个可视分析过程中，人机交互必不可少，用于驾驭模型构建、分析推理和信息呈现等整个过程；可视分析流程中推导出的结论与知识最终需要向用户传播和应用。

4．三者之间的关系

信息可视化与可视化分析在目标和技术之间存在着部分重叠。虽然在这两个领域之间还没有一个清晰的边界，但大致有三个方面可以作以区分。科学可视化主要处理具有地理结构的数据，信息可视化主要处理像树、图形等抽象式的数据结构，可视化分析则主要挖掘数据背景的问题与原因。

信息可视化与可视分析学之间的联系就目标和技术方法而言，二者之间存在着一些重叠。当前，关于科学可视化、信息可视化及可视分析学之间的边界问题，还没有达成明确清晰的共识。不过，大体上来说，这三个领域的分工如表 1-2 所示。

表 1-2　数据可视化的具体分工

类别	主要解决的问题
科学可视化	处理的是那些具有天然几何结构的数据（比如，MRI数据、气流）地理结构，医学影像
信息可视化	处理的是抽象数据结构，如树状结构或图形、半结构和非结构，网页、图像、音频、视频、文本等
可视分析学	尤其关注的是意会和推理

1.3.2　数据可视化流程

数据可视化作为一种流程，在视觉映射之前，还需要设计并实现其他重要工作，如数据采集、数据处理和用户交互。这些步骤是解决现实组织中问题的不可缺失的步骤。可视化应用的设计师解释问题，降低开发的难度，是可视化流程中必经过程。

可视化流程以数据集为主体，其主要流程包括数据采集、数据处理和数据变换、可视化映射和用户感知。用户可以在可视化交互和其他步骤中互动，通过交互提高可视化体验。下面提供一种可视化流程，如图 1-5 所示。

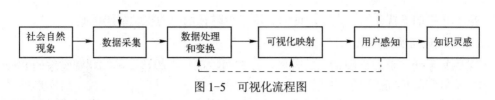

图 1-5　可视化流程图

1．数据采集

数据可以通过各种物理器械和软件来采样和记录。数据的采集直接决定了数据的格式、维度、尺寸、分辨率和精确度等重要性质，并在很大程度上决定了可视化结果的质量。在设计一个可视化解决方案的过程中，了解数据的来源采集方法和数据的属性，才能有的放矢地解决问题。例如在网络跟帖中，了解客户类型、站点数据的来源、时间段和所表达的主题或情感。

2．数据处理和变换

数据的处理和变换认为是可视化的预处理。一方面，原始数据不可避免含有敏感数据、扰乱数据和缺失数据等误差；另一方面，数据的模式和特征往往看不出来，特别是在海量数据下被隐藏在数据海洋中。而可视化需要将难以理解的原始数据变换成用户可以理解的模式和特征并显示出来。这个过程包括脱敏、去噪、数据清洗、提取特征等工作，以便后期的可视化映射顺利完成。

3．可视化映射

可视化映射是整个可视化流程的重要核心步骤。该项工作将数据的数值、空间坐标、不同位置数据间的联系等映射为可视化视觉通道的不同元素，如标记、位置、形状、大小和颜色等。这种映射的目的是让用户通过可视化洞察数据和数据背后隐含的现象和规律。因此可视化映射的设计包含技术和艺术双重要求，和数据、感知、人机交互等方面相互依托，协同完成。

4．用户感知

用户感知从数据的可视化结果中提取信息、知识和灵感，可视化映射后的结果只有通过用户感知才能转换成知识和灵感。

用户的目标任务可分成三类：生成假设、验证假设和视觉呈现。数据可视化可用于从数据中探索新的假设，也可证实相关假设与数据是否吻合，还可以帮助专家向公众展示数据中的信息。

用户的作用除被动感知外，还包括与可视化其他功能的交互。交互在可视化辅助分析决策中发挥了重要作用。有关人机交互的探索已经持续很长时间，但智能、适用于海量数据可视化的交互技术，可支持用户分析决策的交互方法涵盖底层的交互方式与硬件、复杂的交互理念与流程，需克服不同类型的显示环境和不同人物带来的可扩充性问题。

可视化是数据背后的社会自然和人类行为特征的现象和过程。可视化的最终输出也不是显示在屏幕上的图形，而是用户通过可视化从数据中得来的知识和洞见。

1.4　视觉编码和视觉通道

视觉编码描述的是将数据映射到最终可视化结果上的过程。研究最初主要基于短时记忆的研究，有关短时记忆的编码，最初研究者普遍认为应以听觉编码为主，更确切地说，是听觉的（Auditory）、口语的（Verbal）、言语的（Linguistic）联合编码，或称 AVL 单元的编码。但 20 世纪 70 年代，波斯纳（Michael I. Posner）等人利用减法反应时基本范式，在其实验中清楚地表明，某些短时记忆信息可以有视觉编码和听觉编码两个连续的阶段，这是认知心理学史上的一个重大发现。实验证明了汉字短时记忆具有明显的视觉编码机制。研究结果发现，象形文字的干扰作用较大，这证明了汉字短时记忆中的视觉编码机制。

1．视觉编码与视觉通道

人类感知系统在获取周围信息的时候，存在两种最基本的感知模式即视觉编码和视觉通道。图形符号和信息间的映射关系能迅速获取信息。所以可以把图片看成一组图形符号的组合，这些图形中携带了信息，称作编码。当人们从这些符号中读取信息时，称作解码了一些信息。人类解码信息靠的是我们的眼睛等视觉系统。如果说图形符号是编码信息的工具或通道，那么视觉就是解码信息的通道。因此，通常把这种图形符号对信息、信息对视觉系统的对应称作视觉通道。例如，想用 4 个通道来编码 4 个维度的数据，即可以翻译成用 4 种图形符号来对应这份数据表的 4 个列的信息。

- **第一种模式定性或分类**：感知的信息是对象的本身特征和位置等，对应的视觉通道类型为**定性或分类**。
- **第二种模式定量或定序**：感知的信息是对象的某一属性的取值大小，对应的视觉通道类型为**定量或定序**。

例如，形状是一种典型的定性视觉通道，人们通常会将形状辨认成圆、三角形或交叉形，而不是描述成大小或长短。反过来，长度则是典型的定量视觉通道，用户直觉地用不同长度的直线描述同一数据属性的不同的值，而很少用它们描述不同的数据属性，比如长线、短线都是直线。

视觉通道的类型主要有空间、标记、尺寸、颜色、亮度、饱和度、位置、色调、透明度、方向、形状、纹理、动画以及配色方案这 14 种类型，如表 1-3 所示。可以简单地记为两句话："空标尺颜亮饱位；色透方形纹动配"。在具体设计中注意巧妙地选取适合的视觉通道类型。

表 1-3　视觉通道类型比较

类型	特　　点	举　　例
空间	放置所有可视化元素的容器，由长度、宽度、高度、大小表现出来，通常指四方（方向）上下	一维、二维和多维
标记	映射数据的几何单元。根据其含义被加上了标签，如点、线、面、体	对文本布局和查找更加容易，标记语言例如 HTML，允许内容作者通过用标签记录每个文本要素来标记他们的文档
尺寸	指距离短或数量小	仪表板上的各工作表的比例与布局要合理
颜色	平面上表达三位以上有困难，颜色可做多维和分类使用	三个原色，和多个衍生色
亮度	亮度是指发光体光强与光源面积之比，定义为该光源单位的亮度，亮度是指画面的明亮程度	单位投影面积上的发光强度，亮度的单位是坎德拉/平方米（cd/m²）
饱和度	饱和度是指色彩的鲜艳程度，也称色彩的纯度	如大红就比玫红更红，这就是说大红的饱和度要高
位置	指空间分布，所在或所占的地方，所处的方位。位置的近义词是地址，位置也有处理、安置等含义	上、下、左、中、右等空间的分布
色调	指画面上表现思想、感情所使用的色彩和色彩的浓淡	主题突出的色调要突出，其他内容可做淡化
透明度	一张图片的透明和半透明程度，影响其与另一张图片（或背景）复叠的效果	将图片和无色透明的阶段分为 100 分，透明度用百分数表示
方向	用于分类或有序的数据属性	四个象限
形状	定性的数据特征，适合分类	形状用于编码各种不同的病毒样式
纹理	细小的点和线集合，纹理映射就是在物体的表面上绘制彩色的图案	大理石纹理、树纹理等可作为画面的背景
动画	动画是通过把人、物的表情、动作、数据等分段成许多幅画，再用摄影机连续拍摄成一系列画面，给视觉造成连续变化的图画	2020~2021 年新冠肺炎死亡人数在全球各国的上升可制作成动画，动态地表征出差异的巨大
配色方案	简单来说就是将颜色摆在适当的位置，做一个最好的安排，达到一种和谐的融为一起的效果	玫红色+黄色=大红（朱红、桔黄、藤黄）；朱红色+黑色少量=咖啡色；天蓝色+黄色=草绿、嫩绿；天蓝色+黑色+紫=浅蓝紫；草绿色+少量黑色=墨绿；天蓝色+黑色=浅灰蓝

　　📖　可视化作品可用到的视觉通道要尽可能少，因为太多了反而会造成读者视觉系统的混乱，获取信息更难。

2．视觉通道运用的原则

为了保证视觉通道运用合理，于是就会涉及视觉通道的设计原则。Mackinlay 和 Tversky 分别提出了两套可视化设计的原则，Mackinlay 强调表达性和有效性，Tversky 强调一致性和理解性。两者可以糅合起来：

- 表达性、一致性：可视化的结果应该充分表达了数据想要表达的信息，且没有多余。
- 有效性、理解性：可视化之后比前一种数据表达方案更加有效，更加容易让人理解。

某些视觉通道被认为属于定性的视觉通道，例如形状、颜色的色调或空间位置，而大部分的视觉通道更加适合于编码定量的信息，例如直线长度、区域面积、空间体积、斜度、角度、颜色的饱和度和亮度等。高效的可视化可以使用户在较短的时间内获取原始数据更多、更完整的信息，而其设计的关键因素是视觉通道的合理运用。可视化编码是信息可视化的核心内容。数据通常包含了属性和值，因此可视化编码类似地由两方面组成：图形元素标记和用于控制标记的视觉特征的视觉通道。标记通常是一些几何图形元素，如点、线、面、体等。视觉通道用于控制标记的视觉特征，通常可用的视觉通道包括标记的位置、大小、形状、方向、色调、饱和度、亮度等。

　　📖　设计可视化编码除了视觉通道，还需要考虑：美学因素、色彩搭配、信息密度、交互、直观映射、隐喻。

1.5　主要的可视化软件

数据可视化软件是用来进行大数据分析并以图形的形式呈现的数据分析工具。当原始数据集最终转化为可视的形式时，决策者能迅速发现数据中潜在的规律并制定决策，进而管理效率迅速提升。当下许多开源、专用的数据可视化软件工具可以方便地提供给需要者，也有部分商用软件。本节介绍当下几款主要的数据可视化工具。

1．面向图的可视化软件

（1）Microsoft Excel

Microsoft Office 是微软公司专门为 Windows 操作系统及 Mac 操作系统设计的计算机办公软件，Microsoft Excel 是其中的电子表格组件。Microsoft Excel 普遍应用于经济管理等诸多领域，内置可视化工具，能完成数据处理、数据分析、辅助决策等工作需求；也能绘制不同类型的图表，如经常被使用的散点图、旭日图、雷达图、箱形图等。

（2）Google Charts

Google Charts 是以 HTML5 和可缩放矢量图形（SVG）为基础的为浏览器与移动设备的交互式图表开发软件包。具有功能强大，易于使用而且免费向用户开放的特点。Google Charts 内部设有 JavaScript 制图库，包含散点图、分层树图、地图等各种图表样例，用户只需要将简单的 JavaScript 语句嵌入 Web 页面中就可以创建出自己的个性化定制图形和表格。

（3）iCharts

iCharts 是一种建立在 HTML5 基础上的 JavaScript 图表库，主要由 JavaScript 语言编写。iCharts 的工作原理是使用 HTML5 中的 Canvas 标签来绘制各式各样的可视化图表。iCharts 注重于为用户提供更简单、直观并且可交互的绘制图表组件，同时它还支持用户在 Web 或应用程序中进行图表的展示。目前有环形图、条形图、堆积图、区域图在内的多种可视化图表类型供用户选择。iCharts 还具有跨平台、轻量级、快速构建的特点。相较于 Microsoft Excel 软件，iCharts 的操作方法更为便捷。

（4）WEKA

怀卡托环境知识分析系统（Waikato Environment for Knowledge Analysis，WEKA）是一种在 Java 语言环境下开发的机器学习及数据挖掘软件，该软件的图标是一种来自于新西兰的鸟类——秧鸡（英文名称为 WEKA）。作为一款开源的数据挖掘工作平台，WEKA 集成了大量的可用于数据挖掘的机器学习算法，可以在交互界面中实现数据预处理、分类、聚类、关联规则、特征选择、可视化等操作，同时 WEKA 根据数据挖掘的结果生成一些简单的可视化图表。

2. 面向文本的可视化软件

1）Contexter，由 Jozef Stefan 研究院知识技术部门设计开发。设计者认为对于文本内容的分析不应该草率地将全部的关键词和关系都识别出来，而是根据特定的需求进行选取分析，如一些关键人物的名称、重要的地点名称、某种专业的术语及它们之间错综复杂的关系。该系统在进行文本分析时，能利用信息抽取的方法发现需要呈现出的已经设定好的词汇，再利用词袋、特定算法（如 TF-DF 算法）等工具在系统中建立命名实体之间的关系。

2）NLPWin，是微软公司的软件项目，是为 Windows 系统提供自然语言的处理工具。该系统主要通过对文本的概述，实现文本中关键数据的可视化，其中文本中的语义关系通常是以抽取命名实体、凝练实体间关系的方式进行的，其操作过程基本如下：①用户需要提取句子中主谓宾之间的逻辑关系，并以此分析文本的句法结构；②用户需要采用共引处理、跨句指代处理等方式，对生成的三元组关系进行提纯和精炼，再将处理结果映射到可视化图像中，从而完成文档关键信息的可视化。

3）TextArc，是一种可以将单个页面上的文本整体进行可视化呈现的文本分析工具。它能够通过单词间的关系和单词出现的频率在文本中发现模式和概念，将文本内容进行一定程度的转化，生成交替可视化的作品。TextArc 通过索引和摘要的一致性组合，采用人类可视化的方法实现对文本主要任务、概念及核心思想的理解。

3. 面向商业智能的可视化软件

1）Tableau，是一款用于大数据整理、统计、分析的可视化工具。它可以帮助用户快速将导入或搜索到 Tableau 中的数据转换、整理成便于分析的形式，还能将不同来源的数据合并，并直观地展示在操作界面上。Tableau 主要有两种数据处理方案：一种是在个人计算机上的 Tableau Desktop 所支持的托管方案；另一种是用于企业内部数据共享的服务器端软件 Tableau Server 所支持的本地或云端自行管理方案。Tableau 可以实现报表生成、发布、共享和自动维护的全过程。另外，Tableau 能够通过实时连接或者根据制定的日程表自动更新获取最新的数据；它允许用户全权指定无论是用户权限、数据源连接，还是为部署提供支持所需设定的公开范围，让用户在安全可靠的环境中分析数据并发表自己的分析结果。

2）Power BI，是一套商业分析工具，用于在组织中提供见解。可连接数百个数据源、简化数据准备并提供即时分析；生成报表并进行发布，供组织在 Web 和移动设备上使用；用户可以创建个性化仪表板，获取针对其业务的全方位独特见解；在企业内实现扩展，内置管理和安全性。Power BI 是基于云的商业数据分析和共享工具，它能把复杂的数据转化成简洁的视图。通过它，可以创建可视化交互式报告，即使在外也能用手机端 App 随时查看。Tableau 与 Power

BI 比较见表 1-4。

表 1-4 Tableau 与 Power BI 比较

特点	Tableau	Power BI
数据可视化	提供强大的数据可视化功能，是市场上主要的数据可视化工具之一	提供强大的后端数据操作功能，可访问简单的可视化
数据集的大小	可以连接更大的数据集	在免费版本中限制为 1GB 数据
数据源	涵盖了大量用于连接数据可视化的数据源，在 Tableau 中，首先选择数据集，然后即时使用可视化	涵盖了 Tableau 中可用的大多数数据源。它与 Office 365 紧密集成，因此提供与 SharePoint 的连接
成本核算	相对于开源软件，Tableau 价格昂贵，但对于中小企业购买此软件对企业管理还是有较好的回报	提供数据集限制为 1GB 的免费版本。与任何其他 BI 工具相比，Power BI Pro 也是一种更便宜的解决方案
许可和定价	Tableau Desktop Profession：每月 70 美元/用户，可连接数百个数据源 Tableau Desktop Personal：每月 35 美元/用户，它可以连接到 Google 表格和 Excel 文件等数据源 Tableau Server：最少 10 个用户，成本为每月 USD35/用户 使用私有云的 Tableau Online：每月 42 美元/用户	免费 1GB 存储空间 10k 行/小时数据流 Power BI Pro： 每月 9.99 美元/用户 10GB 存储空间 100 万行/小时
履行	根据组织需求提供不同的实现类型，从几小时到几周不等	使用云存储，包括简单的实施过程

📖 Tableau 尽管商用成本不低，但对于短期学习者、学生和教师给出不同时间段的免费使用，关于下载与使用的问题后续章节给出。

4. 面向 Web 的可视化软件

1) D3，即数据驱动文档（data driven document，D3）是面向 Web 的二维数据变换与可视化方法。D3 允许用户将任意数据绑定到文档对象模型（Document Object Model，DOM），然后对文档应用数据进行驱动转换。它能够帮助用户以超文本标记语言（HTML）、可缩放矢量图形和层叠样式表（CSS）的形式快速进行可视化展示，并在 Web 页面进行动画演示。D3 最大的优势在于它能够提供基于数据的有关文档对象模型的高效操作，这种操作既能够减轻专业可视化设计带来的负担，又能够增加可视化设计的灵活性，同时还发挥了 CSS3 等网络标准的最大性能，被广泛应用于学术研究及工业领域。

2) Shiny，是一个开源的 R 语言软件包。因为 Shiny 可以自动将数据分析转化为交互式 Web 应用程序，所以用户在使用 Shiny 时可以不具备任何编程知识。Shiny 的功能之所以强大，是因为它可以在后端执行 R 代码，这样 Shiny 应用程序就可以执行在桌面上运行的任何 R 计算；Shiny 还可以根据用户的输入对数据集进行切片和切块，也可以使 Web 应用程序对用户选择的数据运行线性模型、GAM 或机器学习方法。

本章小结

本章介绍了大数据的基本概念，包括大数据定义和大数据结构类型，通过了解可视化的操作对象、数据库或数据集，使人们认识数据可视化的内涵和精髓。数据分析和数据挖掘是数据处理的核心步骤，数据可视化的基本分类和流程是处理数据集的理论和实践指导。视觉编码和视觉通道是在设计可视化时呈现效果的重要元素。主流的可视化软件众多，本书主要介绍 Tableau 的使用和操作。数据作为一种资源被广泛利用，Tableau Desktop 可以实时进行可视化分析实际存在的所有结构化数据，它可以通过自定义各种视图、布局、形状和颜色，生成想要的可视化符号、图形或动画。该软件不仅可以满足大多数企业、学校进行数据分析和展示的需要，而且具有简单、快速、易学和可视化等特点。如何熟练地运用好这些基本理论和方法，下面的章节将会逐步展开学习内容。

习题

1．概念题

1）用自己的理解表达大数据定义。

2）大数据的四个特征是什么。

3）举例说明大数据的各种类型及表现形式。

4）总结数据集与数据库、数据仓库的关系。

5）列表比较数据的报表呈现和数据的可视化呈现的异同。

6）手绘一幅个人网购分析仪表板，并用彩笔绘画出构造布局，说明分析的经济意义和艺术效果，例如说明包含几种视觉编码？

7）调查什么是视觉隐喻？设计一个概念模型，并阐述该概念模型中用视觉隐喻表达的数据内容。

8）从网上找到两幅可视化获奖作品，文字总结其运用了哪些可视化元素，创新点在何处？

2．操作题

1）如何找到公开数据集，试在网上搜索国内外可用资源。

2）网上调查数据可视化软件和工具。

第 2 章
Tableau 家族

上一章介绍了大数据基础及数据可视化的基本概念，这一章开始详细介绍 Tableau 家族。为了增强数据库行业的全面性和交互性，来自斯坦福大学的 Chris Stolte、Pat Hanrahan 和 Christian Chabot 三人合作，终于在 2004 年的时候创立了 Tableau。Tableau 自诞生以来，一直在不断地更新和完善软件功能，因此获得了大大小小许多荣誉。Tableau 家族包含多个产品，本章将一一详细介绍它们。

2.1 Tableau 发展历程

Tableau 公司成立于 2004 年，作为 21 世纪新兴的软件公司，其成立和发展也经历了一番波折。该公司的总部设立于美国华盛顿州的西雅图。Tableau 产品研发的催化剂是一个美国国防部的项目，该项目旨在提高人们分析信息的能力。随后，斯坦福大学接手了该项目，项目取得了飞速的进展。后来，主导研发产品的 3 位博士联手创建了如今的 Tableau 公司，这一举动标志着该行业进入了一个全新的时代。2013 年，凭借着为企业提供商务智能的主要思想，Tableau 公司在纽约证券交易所融资 2.5 亿美元，年收入 2.3 亿美元。当时，市场中已经存在 Cognos、Microsoft Excel 等许多数据库公司，这些公司当时正如日中天，发展迅猛，而此时 Tableau 还并未出现。但 Tableau 从一个小小的办公室做到 110 亿美元市值的上市大公司，成功奠定了自己在数据库行业中的地位。首次引入 Tableau 时，IT 专业人员觉得它毫无发展前景。但是，随着企业发现其能在数据库中嵌入可视化功能，该公司开始发挥在业务数据空间中的强大功能，找到了公司的生存之道。运用 Tableau，用户可以将问题化繁为简，做出来的图表简洁大方，十分美观。作为一款实用性的工具软件，Tableau 同时具备了快速和方便两个优点。如今，它在全球拥有数以万计的分公司和用户。

Tableau 自成立以来一直保持良好的发展势头，如图 2-1 所示为 Tableau 发展的时间轴，以及 Tableau 的部分成就。

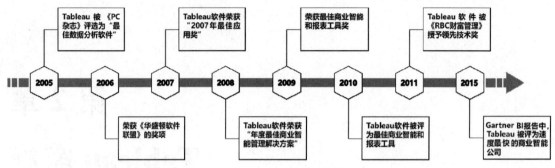

图 2-1　Tableau 发展时间轴

2.2　Tableau Desktop

Tableau Desktop 建立于桌面端，是一款支持 Windows 和 Mac 的分析工具，可以连接到各种格式的数据源，并通过拖拽操作，便捷地做出美观的智能视图和仪表板。

Tableau Desktop 包括 Tableau Desktop Personal 和 Tableau Desktop Professional 两种，前者是个人版，后者是专业版。对于初学者而言，个人版较为常用，深入学习后可使用专业版，以获得更为强大的功能。如图 2-2 所示为个人版界面。

两者的区别如下：

1）个人版只能连接包括 Excel、Access、OData 和 Tableau Data Extracts 在内的常见格式的数据源。专业版则可以和几乎所有格式的数据源相连。

2）Tableau Desktop Personal 不能与 Tableau Server 相连，而 Tableau Desktop Professional 能与 Tableau Server 相连。

　　Tableau 中国官网：https://www.tableau.com/zh-cn

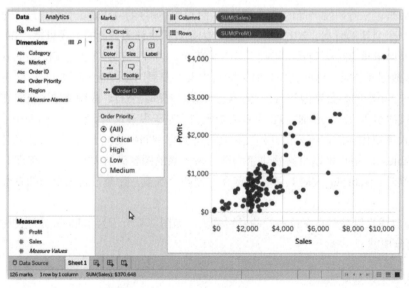

图 2-2　Tableau Desktop Personal 界面

Tableau Desktop 上手快速，具有较低的学习和使用门槛，熟练掌握后可将工作效率提高几十甚至上百倍。Tableau Desktop 具有短时间内识别趋势并发现视觉洞察力的能力。Tableau Desktop 有如下 3 个主要优点：

- 以闪电般的速度发现新见解。
- 在内存中快速打开数据。
- 运用简洁大方的仪表板发表看法。

Tableau Desktop 的功能如下。

1．获取切实可行的解决方案

不像其他有些工具执行查询操作需要编写代码，在 Tableau 中不用编写任何代码，就可以快速执行数据查询操作。用户轻点鼠标拖拽，以实现视图之间的切换，省去了烦琐的操作步骤。不管是多么庞大的数据量，Tableau 都可以处理。Tableau 将操作最优化，任何人都可以快速地上手使用，提高了工作效率。

Tableau 抛开了图表构建器，用户可以进行实时可视化分析，实现随心所欲的数据探索。交互式仪表板帮助用户即时发现隐藏的见解。人类天生就能快速发现视觉图案，而 Tableau 充分利用这种能力，揭示日常生活中的各种机会，让用户尽享豁然开朗的喜悦。

2．连接更多数据

通过直接连接到数据的功能，Tableau 可以进行实时分析，发挥数据仓库的潜力。此外，用户可以把数据放到 Tableau 的超快数据引擎中，突破内存架构的限制。根据数据源的具体情况，甚至可以同时使用这两种方法，不管有几个数据源，Tableau 都能紧跟用户工作的步伐。

Tableau 支持连接本地或云端数据——无论是大数据、SQL 数据库、电子表格，还是 Google Analytics 和 Salesforce 等云应用，全都支持。无需编写代码，即可访问和合并异构数据。高级用户可以透视、拆分和管理元数据，以此优化数据源。分析始于数据，Tableau 可以助用户一臂之力，让数据能够发挥出更大价值。

3．运用简洁大方的仪表板发表看法

通过在仪表板中组织布局各个视图，完整地展示各个视图之间的关系和意义。利用数据分析，Tableau 可以辅助做出更好的决策。通过故事模块，将更多的仪表板和视图串在一起，形成一条逻辑清晰的故事线，叙述数据背后的关联。当分享内容的时候，用户可以选择 Tableau Server 或 Tableau Online，创建面向数据的文化。

出色的分析需要的不仅仅是好看的仪表板。借助 Tableau，用户可以使用现有数据快速构建强大的计算字段，以拖放方式操控参考线和预测结果，还可以查看统计概要。可以利用趋势分析、回归和相关性来证明自己的观点，用屡试不爽的方法让决策者真正理解统计数据。此外，还可以提出新问题、发现趋势、识别机会，信心十足地制定数据驱动型决策。

4．以地图的形式直观呈现自己的数据

用户可以自动创建交互式地图，不仅可以找出具体地点，还可以洞悉原因。产品中内置了邮政编码，让用户能够以闪电般的速度绘制全球 50 多个国家/地区的地图。还可以使用自定义的地理编码和地区来创建个性化区域，例如销售区。设计 Tableau 地图的目的，就是让用户的数据一目了然地呈现出来。

5．让每个人参与其中

抛弃静态的幻灯片，代之以他人可以探索的实时故事。用户可以设计引人入胜的故事，让协作的每个人都可以分析用最新数据生成的交互式可视化，并提出自己的问题。亲身推动数据协作文化，让用户的见解更有影响力。

2.3 Tableau Prep

2018 年 4 月，Tableau 推出全新的数据准备产品——Tableau Prep。主要定位在于如何帮助人们以快速可靠的方式对数据进行合并、组织和清理，进一步缩短从数据获取见解所需的时间。简而言之，Tableau Prep 是一款简单易用的数据处理工具（对于部分 ETL 工作）。之所以使用 Tableau Prep，是因为用户在使用 BI 工具进行数据可视化展示时，数据常常不具有适合分析的形制（数据模型），很难应对复杂的数据准备工作。因此，用户需要一种更方便的工具来搭建所需要的数据模型。

Tableau Prep 是一款简单易用的数据处理工具，它可以完成大部分 ETL 的工作。操作十分简单方便，目前测试的处理速度和承载能力也足够支持大部分企业级的工作。并且弥补了 Tableau Desktop 在数据处理环节上的空白。如图 2-3 所示为 Tableau Prep 界面。

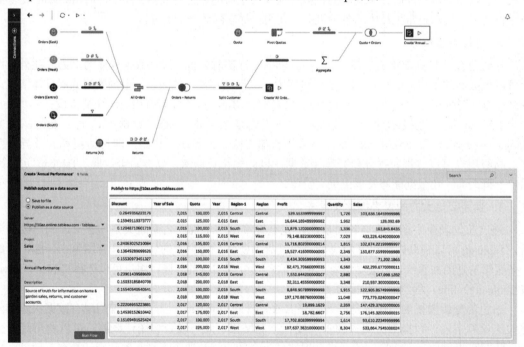

图 2-3 Tableau Prep 界面

Tableau Prep Builder 是 Tableau 产品套件中的一个新工具，旨在让用户的数据准备工作更加轻松和直观。使用 Tableau Prep Builder 来合并、调整和清理数据，以便在 Tableau 中进行分析。

📖 注意：Tableau Prep 版本 2019.1.2 已更名为 Tableau Prep Builder 并引用 Tableau Desktop 应用程序。从版本 2020.4.1 开始，用户可以在 Web 上创建和编辑流程。Web 上的 Tableau Prep 是指在 Tableau Server 或 Tableau Online 上创建或编辑流程。有关详细信息，请参见 Web 上的 Tableau Prep。

Tableau Prep 有如下 3 个主要优点：
- 直观查看连接结果，包括各部分的连接记录数和连接明细，并可基于结果立刻整理。

- 通过拖拽轻松实现多次连接，更有效率。
- 连接和整理过程通过流程保存，过程可以重复使用。

那用户何时需要使用 Tableau Prep 呢？可以说，Tableau Desktop 中的数据整理功能，Tableau Prep 全部都能完成，而且往往效果会更好；反之则不行。在以下的情形下，推荐优先甚至只能使用 Tableau Prep 整理。

1）数据整理过程，需要对数据做深度处理，比如非常多的错误值需要清理，大量的 0 值或者 null 需要排除——关键是，需要清理的数据量非常大时。

这些功能 Tableau Desktop 亦能完成，但是 Tableau Prep 更有效率，可以避免大量的清理运算对 Tableau Desktop 可视化造成的性能压力，体现到 Tableau Server 端提高了数据访问者的流畅性。

例如，500MB 的 Excel 表格，12 列转置后相当于增加了 11 倍数据，然后清除 0 值，输出的 hyper 文件却只有 80MB，输出耗时大约 5min。如果同样的操作放在 Tableau Desktop 中完成，再发布到 Tableau Server 中提供共享访问，因为数据清理所带来的时间浪费，随着访问用户的增加，可以理解为是倍数级别的。

2）为了提高可视化的性能，需要大幅度调整数据源的聚合级别并选择部分数据字段。

在这里，Tableau Prep 担当了搭建临时的数据仓库（或者理解为数据缓存）的作用。数据是有详细级别的，不是每次数据聚合（比如过去各月各区域贡献的销售额）都要从最细的数据粒度来计算求和，这样会影响数据加载和分析的性能。

举个例子，比如做零售终端的贡献分析，很多报表都可以从一个临时表来生成——各零售终端在每个月中每件商品的贡献，可以把这个详细级别标记为：终端→月份→商品。为此，我们可以使用 Tableau Prep 的聚合功能，提前创建一个临时聚合表，把最细的数据详细级别数据（如终端→精确时间→商品→批次→会员）提前聚合到想要的级别（如精确时间→月份，不保留会员和批次信息）。这样每个月的数据量很可能压缩到之前的 1/10，并且可以删除不用的无关字段，这样的数据会非常显著地提高数据可视化过程中的效率。

3）涉及多次数据连接，并且是在不同阶段做数据连接。

数据连接是数据整理必备的技能，简单的连接可以直接在 Tableau Desktop 中完成，但是如果要多个数据源多次连接，特别是在一个数据源整理的不同阶段做连接，Tableau Desktop 就束手无策了，这正是 Tableau Prep 大放光彩的时刻。

4）需要使用行转列功能，或者列转行两次及以上（嵌套表头）。

数据整理阶段总会遇到很多不符合“数据库范式”的数据，这需要结构上的整理，比如把很多的列转为行显示——特别是所谓的“宽表”，经常用一列代表一个月份或者一个同类的主题。

而在少数情况下，还需要行转为列——主要是报表展示的需要。Tableau Desktop 在数据源的层面仅能执行一次列转行操作，而多次转置和行转列是 Tableau Prep 独有的功能，加上 Tableau Prep 可以在一个流程的多个地方执行转置，所以其在转置方面的功能就更加强大。

📖 从效率和性能方面看，区分数据整理和数据可视化两个环节，几乎总是有意义的。

2.4　Tableau Online

Tableau Online 是一个云商务智能平台，界面如图 2-4 所示。Tableau Online 是 Tableau Server

软件和服务的托管版本，构建在与 Tableau Server 相同的企业级架构上。使用 Tableau Desktop 发布仪表板后，通过将其发布为云服务，可以随时随地在 Web 浏览器或移动终端上进行实时交互式数据查询和分析，从而节省硬件安装时间，使业务分析比以往任何时候都更快更容易。

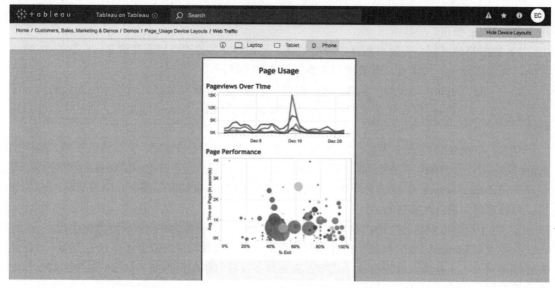

图 2-4　Tableau Online 界面

Tableau Online 的功能如下。

1．在云端共享和协作

Tableau Online 是完全托管在云端的分析平台，可以用来发布仪表板并与任何人共享自己的发现。用户可以邀请同事或客户使用交互式可视化和准确数据，探索隐藏的机会。所有内容均可通过浏览器轻松访问，还可借助移动应用随时随地进行查看。

2．消除设置时间和硬件成本

只需短短几分钟就能投入使用，还可以根据需求的增长无缝添加用户。Tableau Online 是完全托管的解决方案，用户完全无需配置服务器、管理软件升级或扩展硬件容量。

3．使用数据提升组织能力

Tableau Online 可以提供适合每种用户的功能，让组织中的每个人都能够查看和理解数据。这其中既有希望使用已发布仪表板进行数据驱动型决策的非固定用户，也有希望使用 Web 制作功能来根据已发布数据源提出新问题的数据爱好者，甚至有希望创建自己的可视化和数据源并与组织中其他成员共享这些内容的数据行家。

2.5　Tableau Server

Tableau Server 是一个服务器端应用程序，界面如图 2-5 所示。Tableau Server 用于发布和管理 Tableau Desktop 制作的仪表板，发布和管理数据源，管理用户和权限，通过 Web 访问，支持浏览器分析。Tableau Server 运用一种基于浏览器的分析技术，当仪表板准备好并发布到服务器上时，其他人可以通过浏览器或平板电脑看到数据的分析结果。

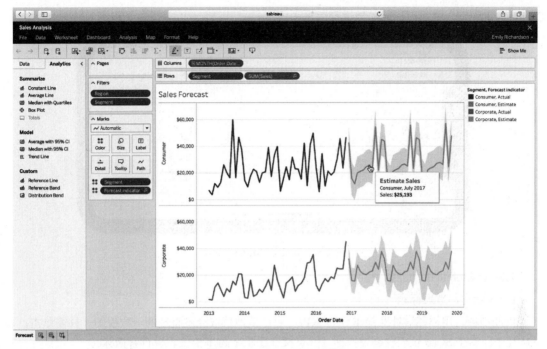

图 2-5　Tableau Server 界面

Tableau Server 有如下 5 个主要优点。

● 提供可伸缩到各种规模组织的商业智能。

● 与使用 Web 浏览器的任何人分享可视化分析。

● 发布交互式分析或者仪表板。

● 保证信息安全和管理元数据。

● 与其他人协作。

Tableau Server 的功能如下。

1．数据对人的意义——准确可信

Tableau Server 可帮助整个组织充分利用数据价值，让企业能够在可信环境中自由探索数据，不受限于预定义的问题、向导或图表类型。用户再也不用担心自己的数据和分析是否受到管控、是否安全、是否准确。IT 组织青睐 Tableau，因为它部署轻松、集成稳定、扩展简单、可靠性高。为业务人员提供更多功能和保护数据不再是相互冲突的选择，借助 Tableau，用户终于能够两全其美。

2．灵活部署

无论是将数据存放在本地还是云端，Tableau Server 都能让用户灵活集成到现有的数据基础架构中。在本地的 Windows 或 Linux 系统上安装 Tableau Server，可在防火墙保护下实现终极控制。在 AWS、Azure 或 Google Cloud Platform 上进行公有云部署，从而利用现有云端投资。

2.6　Tableau Mobile

Tableau Mobile 是一款基于 iOS 和 Android 的移动应用程序，界面如图 2-6 所示。用户可以通过 Tableau Mobile 在 iPad、Android 设备或移动浏览器上查看发布到 Tableau Server 或 Tableau

Online 的工作簿，并且可以轻松地进行编辑和导出。

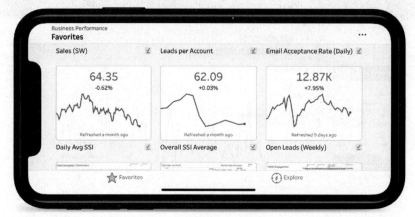

图 2-6　Tableau Mobile 界面

Tableau Mobile 的功能如下。

1．定制化的数据标题

借助指标，用户能够针对最重要的 KPI，更便捷地获取经过整理的一致视图。只需单击，即可从几乎任意 Tableau 仪表板创建指标，并直接在手机上跨多个仪表板查看指标。

2．您的数据，触手可得

借助交互式预览，数据触手可及，无需等到返回办公室或飞机降落后。无论用户是否连接到网络，都是如此。Tableau Mobile 可使您的用户随时随地与您的数据同步。

3．触控数据

通过指尖触控，即可选择、筛选和下钻数据。使用自动触控优化的控件与用户的数据进行交互。

4．查找所需内容

通过赏心悦目的直观界面，直接呈现用户最喜爱、最近使用的仪表板，访问所需数据。

5．专用于移动设备

借助设备设计器，Tableau Desktop 可以轻松地创建针对用户使用的任何设备优化的仪表板布局。

2.7　Tableau Public

Tableau Public 是一款免费的服务产品，界面如图 2-7 所示。用户可以在 Tableau Public 上发布自己创建的可视化作品，也可以在网页或其他社交网站上分享它们。用户无需编写代码就可以与数据交互并发现新的见解。Tableau Public 上发布的数据和视图文件都是面向公众的，每个人都有权利下载这些数据，任何人都可以与可视化交互。Tableau Public 是为那些想在网上讲述交互式数据故事的人准备的。

Tableau Public 与其他 Tableau 产品的区别体现在：

1）公开共享。发布到 Tableau Public 的可视化可供所有人在线查看。Tableau Public 是一个公开（而不是私密）的数据平台。

图 2-7 Tableau Public 界面

2）免费且限制较少。任何人都可以在 Tableau Public 上浏览数以百万计的可视化效果并做出自己的贡献，本地保存和刷新数据会受到相应的限制。

3）完全托管。Tableau Public 上的可视化项可以应对数以百万计的查看者，所有基础架构均由 Tableau Public 管理，无需支付任何费用。

Tableau Public 有如下 3 个主要优点：

- 创建和发布交互式可视化和仪表板。
- 嵌入网站和博客。
- 获取免费下载和免费托管服务。

Tableau Public 的功能如下。

1. 探索数据的无限可能性

Tableau Public 拥有世界各地一百多万创建者制作的数百万个互动式数据可视化，用户可以通过 Tableau Public 探索任何主题的数据可能性艺术。Tableau Public 是全球范围内极具规模的数据可视化库。

2. 关注数据爱好者社区

通过用户喜爱的 Tableau 作者不断汲取灵感。关注 Tableau Public 上的作者，当他们发布新的可视化或将可视化添加到收藏夹时，用户将会收到更新。

3. 向世界各地的 Tableau 优秀用户学习

了解世界各地的出色分析师和领先组织如何使用 Tableau 进行数据可视化，并将学到的内容应用于下一个工作项目。

4. 通过在线分析作品集脱颖而出

用户可以将可视化保存到个人的 Tableau Public 个人资料中，与专业网络或潜在雇主进行分享。

2.8 Tableau Reader

Tableau Reader 是一款免费的桌面应用程序，可以用来打开和查看已在 Tableau Desktop 中创建的可视化文件，并与之交互，界面如图 2-8 所示。只要组织中有人使用 Tableau Desktop 创建了可视化，就可以与任何人分享发现的成果。只需在 Tableau Desktop 中创建可视化，并另存为"*.twbx"打包工作簿。数据和工作簿将保存在文件中，该文件作为某种统一报表，可在装有 Tableau Reader 或 Tableau Desktop 的任何计算机上打开。Tableau Reader 免费使用，可以实现全方位交互。用户可以尽情地使用它进行筛选、下钻查询和发现。

Tableau Reader 有如下 4 个主要优点：

- 在桌面上共享可视化和仪表盘。
- 通过视图过滤、排序和分页。

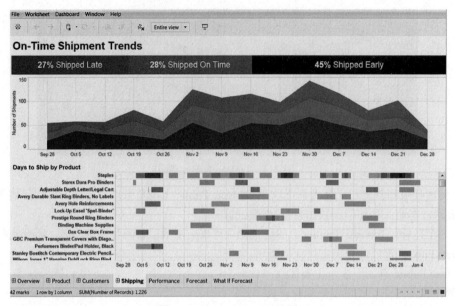

图 2-8　Tableau Reader 界面

- 使用"数据杂技"。
- 可以免费下载。

📖 对于没有预算购买 Tableau Server 平台但希望共享自己创建的视图的 Tableau 用户，可以让身边的朋友下载 Tableau Reader 来阅读 Tableau Desktop 生成的分析结果。

2.9　Tableau Viewer

Tableau Viewer 是针对 Tableau Server 提供的一种基于角色的许可证选项，界面如图 2-9 所示，可以帮助整个组织中的所有人根据可信内容制定数据驱动型决策。

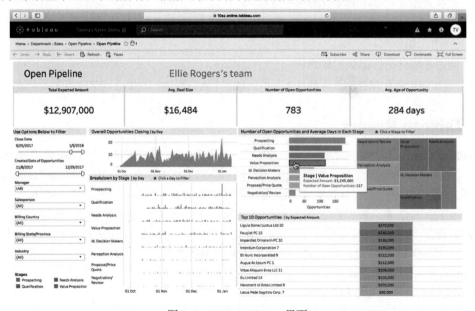

图 2-9　Tableau Viewer 界面

Tableau Public 的功能如下。

1．让每个人都能够使用可信内容

Tableau Viewer 让更多的人能够使用已发布的仪表板、可视化和嵌入式内容，使每次讨论都围绕数据进行，让整个组织都能够使用可信内容进行协作和制定数据驱动型决策。通过现代自助式分析让业务用户获得他们需要的敏捷性。每个人都可以通过已发布的仪表板提出和回答问题，传统集中式 BI 模型中的延迟所造成的漫长等待不复存在。

2．为数据提供安全保障的管控功能

借助已发布的托管内容，Tableau Viewer 用户可以在受管控的平台上访问正确数据，无需执行导出操作或发送电子邮件，从而为基础数据消除了安全风险。

Tableau Reader 和 Tableau Viewer 有何不同呢？

Tableau Reader 是在 Tableau 早期构建的一种免费产品，分析师和内容创作者可以使用这种产品来分发他们在 Tableau Desktop 中创建的内容。当时，尚未推出可以帮助组织管控分析内容共享和分发的 Tableau Server。因此，如果要和组织中的其他用户共享交互式内容，而这些用户无法使用 Tableau Desktop 时，Tableau Reader 就是当时的唯一选择。

Tableau Viewer 是针对 Tableau Server 提供的一种基于角色的许可证选项。借助这种许可证，低使用度用户可以在不影响数据安全的情况下，访问由创建者（Creator）和浏览者（Explorer）创建的可信内容并与这些内容交互。

在功能方面，Tableau Reader 缺少对于 Tableau 的任务关键生产部署必不可少的管控、安全和管理功能。此外，Tableau Reader 用户的访问和交互对象只能是本地工作簿（表 2-1 提供了详细的产品对比信息）。由于存在这些产品功能限制，Tableau Reader 虽然适合概念验证类的项目，但如果要在整个组织大规模部署分析功能，它就不是理想选择。

表 2-1　Tableau Reader 和 Tableau Viewer 详细对比

Access	Tableau Reader	Tableau Viewer
Web 和移动设备		✓
嵌入内容		✓
交互	Tableau Reader	Tableau Viewer
与可视化和仪表板交互	✓	✓
将可视化下载为图像（.pdf、.png）		✓
下载摘要数据		✓
协作	Tableau Reader	Tableau Viewer
评论仪表板或可视化		✓
为自己创建订阅		✓
接收数据驱动型通知		✓

而 Tableau Viewer 用户可以受益于基于服务器的管控式部署带来的安全性和可信度，并且可以执行以下一些具体操作：

● 访问基于 Web 的嵌入式移动内容并与这些内容交互。

● 下载可视化的基础摘要数据。

● 收藏内容。

● 将可视化下载为图像文件（PNG、PDF）。

- 为可视化或仪表板添加注释。
- 创建和接收订阅。
- 接收数据驱动型通知。

为便于对照和记忆，把 Tableau 家族的产品和说明列入表 2-2 中。

表 2-2　**Tableau 家族产品**

产　品	说　明
Tableau Desktop	桌面端分析工具
Tableau Prep	数据准备产品
Tableau Online	云商务智能平台
Tableau Server	服务器端应用程序
Tableau Mobile	移动端应用程序
Tableau Public	免费的服务产品
Tableau Reader	免费的桌面应用程序
Tableau Viewer	基于角色的许可证选项

本章小结

　　本章主要介绍 Tableau 的发展历程和产品。Tableau 是新一代的 BI 工具，帮助人们查看并理解数据，提高数据驱动程度，它正在改变人们使用数据解决问题的方式。Tableau Desktop 被誉为可视化分析的"黄金标准"，Tableau Prep 主要定位在于如何帮助人们以快速可靠的方式对数据进行合并、组织和清理，Tableau Online 是在云中托管自助式分析的理想选择，Tableau Server 可以实现受管控的大规模自助式分析将数据的价值延伸到组织的每个角落，Tableau Mobile 可以实现随时随地访问和监测仪表板，Tableau Public 实现与全世界分享佳作，Tableau Reader 是共享分析见解的最简单方法，Tableau Viewer 可以帮助整个组织中的所有人根据可信内容制定数据驱动型决策。

习题

1．概念题

1）Tableau 的发展历程是怎样的？

2）Tableau 的使命是什么？

3）Tableau Desktop Personal 和 Tableau Desktop Professional 有何区别？

4）Tableau Public 的作用是什么？

2．操作题

　　进入 Tableau 官网，浏览"为何选择 Tableau"和"产品"两个板块，体会 Tableau 的创立和发展故事，观看 Tableau 产品的演示视频。

第 3 章
Tableau Desktop 简介

在第 2 章中探讨了整个 Tableau 家族的发展历程和产品，其中 Tableau Desktop 是 Tableau 家族中的一员。Tableau Desktop 是一款完全的数据可视化软件，具有简单、快速、易学和可视化等特点，满足大多数企业、学校进行数据分析和展示的需要，使用者能够快速地进行数据可视化分析并构建交互界面，完成基本的统计和趋势预测、实现数据的动态更新等，方便用户更好地查看并理解数据。

本章从 Tableau Desktop 的下载与激活出发，介绍了 Tableau 的工作区，明确了数据类型与运算符优先级的概念及 Tableau 的文件管理。通过本章概念和定义的学习，对 Tableau 的使用可以有一个初步的认识，为后续章节的学习奠定基础。

3.1 软件下载与激活

Tableau Desktop 是抛开图标建构器，可以对实际存在的所有结构化数据进行实时可视化分析的工具。利用 Tableau Desktop 能够在几分钟内实现随心所欲的数据探索，使用者无需精通复杂的编程原理和统计原理，只需利用 Tableau 便捷的拖放式界面，通过自定义各种视图、布局、形状和颜色，即可生成想要的可视化图形。

Tableau Desktop 的技术规格（操作系统）如图 3-1 所示。

3.1.1 软件下载

登录官方网站（中文版）https://www.tableau.com/zh-cn/products/desktop，单击"免费试用"按钮，即可下载最新版本。如图 3-2 所示（这里演示的版本是 Tableau 2020.4）。

在下面的网站中填写"商务电子邮件"，然后单击"下载免费试用版"按钮，即可开始下载。如图 3-3 所示。

操作系统

Windows

· Microsoft Windows 7 或更高版本 (x64)

· 2 GB 内存

· 至少 1.5 GB 可用磁盘空间

· CPU 必须支持 SSE4.2 和 POPCNT 指令集

Mac

· macOS、macOS Mojave 10.14、macOS Catalina 10.15 和 Big Sur 11.4

· Intel 处理器

· 在 Rosetta 2 仿真模式下的 M1 处理器

· 至少 1.5 GB 可用磁盘空间

· CPU 必须支持 SSE4.2 和 POPCNT 指令集

图 3-1　Tableau Desktop 操作系统

图 3-2　登录网站开始界面

图 3-3　Tableau Desktop 下载界面

下载完成后，用户即可按照下列步骤进行安装：

1）根据下载文件的路径，双击该文件下载，进入产品许可协议界面。如图 3-4 所示。

图 3-4　产品许可协议界面

2）单击下方“自定义”按钮，可以更改安装文件的路径。如图 3-5 所示。

图 3-5　安装文件路径界面

3）单击“安装”按钮，等待安装成功。如图 3-6 所示。

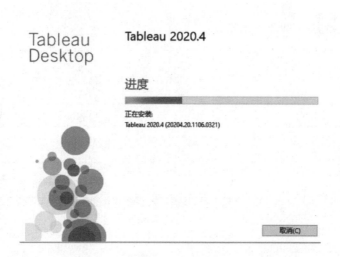

图 3-6　安装界面

3.1.2　软件激活

在完成软件安装后，还需要进行软件激活，具体方式如下。

1．激活 Tableau

安装完成后首次打开 Tableau 时，直接进入“激活 Tableau”界面，如图 3-7 所示。

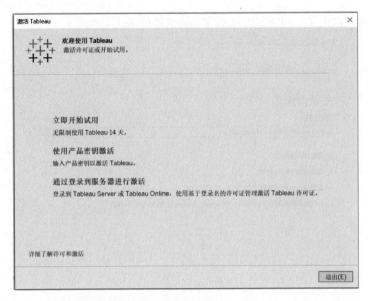

图 3-7 "激活 Tableau"界面

1）立即开始使用。用户需要按照提示填写如图 3-8 所示的注册信息，完成后单击"注册"按钮，即可享受无限制使用 Tableau 14 天。本功能主要是针对想要短期内使用本软件的用户，到期后无法继续使用。

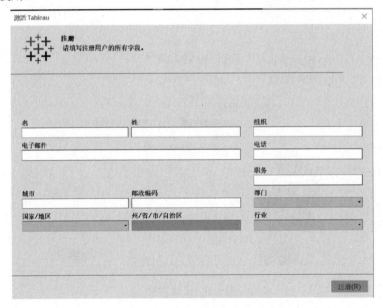

图 3-8 注册界面

2）使用产品密钥激活。需要输入产品密钥以激活 Tableau，该密钥需要向 Tableau 公司付费购买。在获得有效的密钥并输入后，单击"激活"按钮即可，如图 3-9 所示。

3）通过登录到服务器进行激活。登录到 Tableau Server 和 Tableau Online，使用基于登录名的许可证管理激活 Tableau 许可证，如图 3-10 所示。

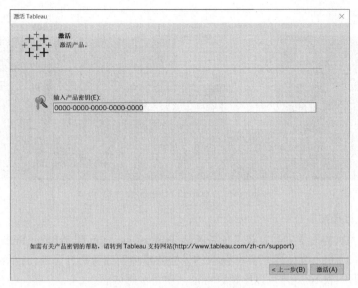

图 3-9　使用产品密钥激活

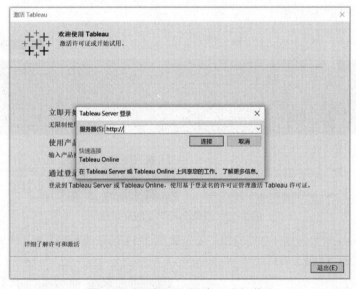

图 3-10　通过登录到服务器进行激活

2. 学术研究计划

参与 Tableau 官网的"学术研究计划",信息认证通过后,即可享受"学术研究计划"免费为学生和教师提供软件及学习资源。Tableau 学术研究计划针对全球经认证教育机构,助力学生和教师掌握至关重要的数据技能。随着数据素养的重要性越来越高,Tableau 学习分析技术有助于学生在职业发展的道路上脱颖而出,让他们在工作中能够做出明智决策。

进入前面提到的 Tableau Desktop 官方网站,单击最上方菜单栏下的"资源→学习 Tableau→学术研究计划",如图 3-11 所示。进入"学术研究计划"网站。

或直接输入"Tableau 学术研究计划"的网址:

https://www.tableau.com/zh-cn/community/academic

图 3-11　菜单栏-学术研究计划

（1）Tableau 学生版

全球认可学术机构的学生具有获得免费激活 Tableau Desktop 和 Tableau Prep 许可证的资格，有效时间为一年。当然，为确保您具有获取的资格并解锁新的免费许可证，需要填写相关认证信息，且申请者必须年满 16 岁才可以申请许可证。申请步骤如下。

1）单击"Tableau 学术研究计划"网页右上角的"免费学生版许可证"即可前往"Tableau 学生版"网站。如图 3-12 所示。

图 3-12　获取免费学生版许可证

2）将"Tableau 学术研究计划"网站下拉至如图 3-13 所示的页面，单击"Tableau 学生版"按钮下的"免费获取 TABLEAU"。

图 3-13　单击"Tableau 学生版"按钮免费获取 TABLEAU

3）回到之前的"Tableau 下载"界面，在填写"商务电子邮件"的下方找到"学生还是老师？免费获得 1 年许可证"提示，并单击"了解更多信息"，即可直接前往"Tableau 学生版"。如图 3-14 所示。

图 3-14　"Tableau 下载"界面直接前往"Tableau 学生版"

或直接输入"Tableau 学生版"的网址：
https://www.tableau.com/zh-cn/academic/students

上述操作后，打开"Tableau 学生版"网站，单击如图 3-15 所示的右上角"免费学生版许可证"或中间"免费获取 TABLEAU"按钮。

图 3-15　Tableau 学生版网站

上述方法均弹出输入如图 3-16 所示的界面，需按照要求和提示填写相关信息，包括学校所在的国家/地区、个人名字、个人姓氏、电子邮件地址、确认电子邮件地址、学校名称，并选择许可证的用途，单击下拉箭头，包括"自学"和"作为课程的一部分学习"，选择其一即可。

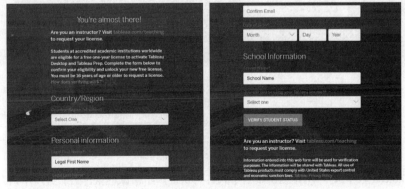

图 3-16　Tableau 学生版申请许可证

输入上述信息以作核实之用，网站相关人员确保准确无误后，网站会将许可证发至个人，即为申请成功。

（2）Tableau 教学版

"Tableau 教学版"提供免费软件、学习资源和课程，帮助教师在当今全球经济中掌握必不可少的数据技能。可以选择申请 1 年的免费许可证。

Tableau 为经认证的学位授予学术机构的教师提供免费访问软件的权限。始终可续订、永久免费。需要提交正在积极参与教学的证明，包括学院网页、课程大纲、聘用信等，以获取许可证。

将"Tableau 学术研究计划"网站下拉至如图 3-17 所示的页面，单击"Tableau 教学版"下的"使用 TABLEAU 进行教学"。

图 3-17　单击"Tableau 教学版"使用 TABLEAU 进行教学

或直接输入"Tableau 教学版"的网址：

https://www.tableau.com/zh-cn/academic/teaching

完成上述操作后，打开"Tableau 教学版"网站。如图 3-18 所示。

图 3-18　Tableau 教学版网站

针对"Tableau 教学版"，网站提供申请个人许可认证和申请课程软件的服务，申请方法如下。

1）申请个人许可证：按照要求和提示填写如图 3-19 所示的信息，获取为期 1 年的免费许可证来激活 Tableau Desktop 和 Tableau Prep，用于教学和非商业性的学术研究。

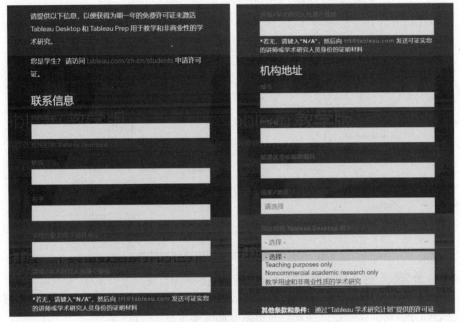

图 3-19　Tableau 教学版申请个人许可证

其他条款和条件。如图 3-20 所示。

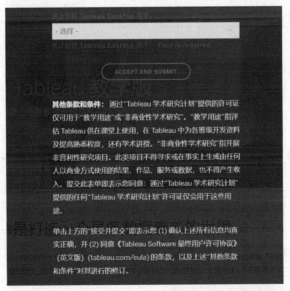

图 3-20　Tableau 教学版申请个人许可证的其他条款和条件

输入上述信息以作核实之用，网站相关人员确保准确无误后，网站会将许可证发至个人，即为申请成功。

2）申请课程软件：按照要求和提示填写如图 3-21 所示的信息，即可申请 Tableau 教学版的课程软件。

图 3-21　Tableau 教学版申请课程软件

"Tableau 教学版"的课程软件目前分为以下三种。

1）实验室许可证：用于激活 Tableau Desktop（制作工具）和 Tableau Prep（数据准备工具）。批量实验室许可证供实验室计算机使用颁发期限为 1 年。

2）学生许可证：用于激活 Tableau Desktop（制作工具）和 Tableau Prep（数据准备工具）。批量学生许可证供学生的个人计算机使用，颁发期限为课程持续时长。

3）Tableau Online：是一个可供学生进行共享和协作的平台。站点的使用期限为 1 年，可以同时支持 100 名用户使用。单个 Tableau Online 站点可用于管理多门课程。

其他条款和条件。如图 3-22 所示。

输入上述信息以作核实之用，网站相关人员确保准确无误后，网站会将相关资料发至个人，即为申请成功。

"Tableau 教学版"提供的现有课程涵盖许多学科的免费现有课程和模块，包括 Tableau Online、数据可视化等内容的指南。课程包含讲座幻灯片、家庭作业、讨论板活动、Tableau 演示、转换为在线提示和试题库。可根据教师授课的班级定制所有内容。

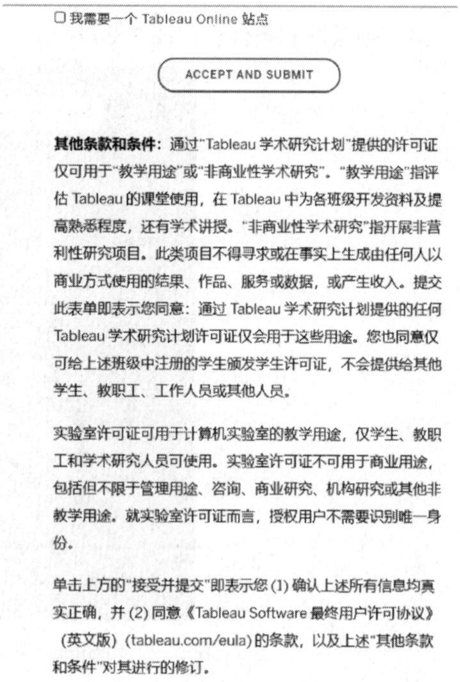

图 3-22　Tableau 教学版申请课程软件的其他条款和条件

3.2　Tableau 的工作区

Tableau 使用的是工作簿和工作表的文件结构，其中工作簿包含工作表，工作表的文件结构可以是工作表、仪表板或故事。在进行数据可视化分析时，如果一个内容需要从几个不同的角度分别进行阐述，则需要创建其中包含有多个工作表的仪表板；如果一个内容需要分为不同的主题，则需要创建故事。使用工作表，创建仪表板和故事，是数据可视化内容从简单到复杂的过程。本节将从菜单栏和工具栏、工作表、仪表板及故事四个方面介绍 Tableau 的工作区。

3.2.1　Tableau 的菜单栏和工具栏

成功下载并激活软件后，首先要熟悉 Tableau 的操作环境。联系上节，从新建一个 Tableau 工作簿开始，介绍菜单栏和工具栏的使用功能。

1．准备工作

完成软件的"激活"操作后，用户可以通过双击桌面上的 Tableau 图标以打开 Tableau Desktop。打开 Tableau Desktop 后，选择需要连接的文件类型，即可连接相应文件。如图 3-23 所示。

图 3-23　初始页面

添加数据成功后，单击沿工作簿底部排列的工作表标签中的"工作表 1"，即可开始数据可视化之旅，如图 3-24 所示。

图 3-24　数据源页面

Tableau 的工作区包含菜单栏、工具栏、"数据"窗格、"分析"窗格、卡和功能区及一个或多个工作表。表可以是工作表、仪表板或故事，如图 3-25 所示。

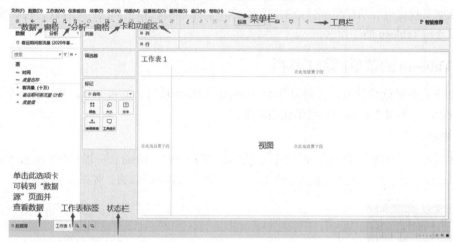

图 3-25   工作区页面

2．工具栏按钮

Tableau 的工具栏按钮有助于快速访问常用工具和操作。下面将以 Tableau 2020.4 版本为例，介绍几个常用的工具栏按钮。如表 3-1 所示。

表 3-1   工具栏按钮

图标	功能	图标	功能
❀	Tableau 图标：返回开始页面	⇄	交换："行""列"功能区字段互换
←	撤销：返回上一步操作	⬆	升序排序：根据视图中的度量，将所选字段按升序排列
→	重做："撤销"按钮的最后一个操作，可以重复使用多次	⬇	降序排序：根据视图中的度量，将所选字段按降序排列
⊟	保存：保存工作簿所做的更改	ℓ	突出显示：将所选工作表突出显示。用户可以使用下拉菜单上的选项定义突出显示值的方式
⊞⁺	新建数据源：创建新连接或打开已保存的连接	⬭ ▾	组成员：通过组合所选值的方式创建组。选择多个维度时，用户可以使用下拉菜单对特定维度或者所有维度分组
⊟ᴵᴵ	暂停自动更新：控制进行更改时 Tableau 是否更新视图	Ⓣ	显示标记标签：切换显示和隐藏当前工作表的标记标签
↻ ▾	运行更新：运行手动数据查询，关闭自动更新后可以用所做的更改来更新视图	⚲	固定轴：显示特定范围的锁定轴以及基于视图中的最小值和最大值调整范围的动态轴之间切换
⊞⁺ ▾	新建工作表：用户可以单击下拉箭头进行选择创建工作表/仪表板/故事	标准 ▾	适合：调整视图的大小，用户可以单击下拉菜单进行选择"标准""适合宽度""适合高度"和"整个视图"
⧉	复制：建立工作表/仪表板/故事副本	▦ ▾	显示/隐藏卡：在工作表中显示和隐藏特定卡，下拉菜单可选择要隐藏或显示的每个卡
⊞ₓ ▾	清除：清空该工作表/仪表板/故事，用户可以单击下拉菜单进行选择清除的特定部分	⎙	演示模式，在显示和隐藏视图，即功能区、工具栏、"数据"窗格之外的所有内容之间进行切换

3.2.2   Tableau 的工作表

一个工作表包含单个视图及卡和功能区、图例、"数据"和"分析"窗格等。可以将数据窗格中的数据拖拽至工作表中的"行功能区"和"列功能区"的相应位置，生成数据视图。工作表以标签的形式沿工作簿底部显示，有关工作表工作区的基本的应用功能如下。

（1）"数据"窗格

"数据"窗格中显示工作簿的数据源连接和数据字段。在连接到数据并向 Tableau 设置数据源之后，数据源连接和字段会显示在"数据"窗格中工作簿的左侧。当前的数据源会显示在"数据"窗格的顶部。

当前选定数据源中可用的字段在"数据"窗格中数据源的下面。在"数据"窗格中搜索字段，单击放大镜图标，然后在文本框中输入内容即可。在下拉菜单中可以选择"创建计算字段""创建参数"等操作。如图 3-26 所示。

"数据"窗格包括：

- 维度：包含定量值的字段，如名称、日期或地理数据。可以使用维度进行分类、分段以及揭示数据中的详细信息。维度影响视图中的详细级别。

- 度量：包含可度量的数字定量值的字段。可以向度量应用计算以及对其进行聚合。将度量拖到视图中时，Tableau 在默认情况下会向该度量应用一个聚合。

图 3-26　"数据"窗格与下拉菜单

- 计算字段：如果基础数据未包括回答问题所需的所有字段，可以在 Tableau 中使用计算创建新字段，然后将其保存为数据源的一部分。这些字段被称为计算字段。

- 集：定义的数据的子集。集是基于现有维度和所指定的条件的自定义字段。

- 参数：一些值，可在公式中用作占位符，或替换计算字段和筛选器中的常量值。

（2）"分析"窗格

用户可以在"分析"窗格将参考线、盒形图、趋势线预测和其他项拖入视图中。在"分析"窗格中可以拖放各个选项，使得操作过程更加方便。

（3）功能区

列功能区：将数据窗格中所需字段拖到列功能区实现向视图添加该字段的列。

行功能区：将数据窗格中所需字段拖到行功能区实现向视图添加该字段的行。

页面功能区：根据某个维度的成员或某个度量的值，在此功能区将一个视图拆分成多个页面。

筛选器功能区：通过筛选指定包含在视图中的值。

（4）"标记"卡

"标记"卡是 Tableau 视觉分析的关键元素。将字段拖到"标记"卡中的不同属性时，用户可以将上下文和详细信息添加至视图中的标记。可以使用"标记"卡设置标记类型，使用颜色、大小、形状、文本和详细信息对数据进行编码。

（5）视图

该区域为工作区中的画布，实现在其中创建可视化图表的功能。

（6）数据源

单击此选项卡可转到"数据源"页面，查看数据。

（7）工作表标签

该标签表示工作簿中的每个工作表，包括工作表、仪表板和故事。

（8）状态栏

显示有关当前视图的信息。

有关工作表的操作分为创建工作表、复制工作表、重命名工作表和删除工作表，具体操作介绍如下。

1．创建工作表

方法一：单击菜单栏下"工作表"，在下拉菜单中选择"新建工作表"。如图 3-27 所示。

方法二：单击工具栏下"新建"图标，在下拉菜单中选择"新建工作表"。如图 3-28 所示。

方法三：在工作簿单击"新建工作表"图标。如图 3-29 所示。

2．复制工作表

1）复制工作表：右击"工作表"，选择"复制"即可复制出与原工作表一样的工作表。如图 3-30 所示。

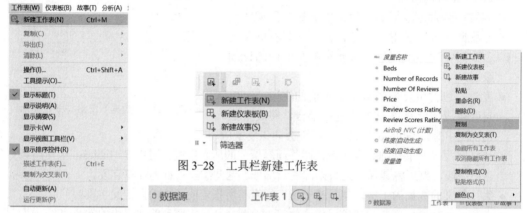

图 3-28　工具栏新建工作表

图 3-27　菜单栏新建工作表　　　图 3-29　工作簿底部新建工作表　　　　图 3-30　复制工作表

2）复制为交叉表：交叉表是一个以文本行和列的形式来汇总数据的表，易于清晰展示与视图相关的数据。"复制为交叉表"会向工作簿中插入一个新工作表，并用原始工作表中的数据交叉表视图来填充该工作表。但不能以交叉表的形式来复制仪表板和故事。

方法一：单击菜单栏下"工作表"，在下拉菜单中选择"复制为交叉表"。如图 3-31 所示。

方法二：右击工作簿底部的"工作表"，选择"复制为交叉表"。如图 3-32 所示。

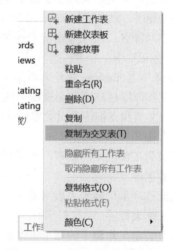

图 3-31　菜单栏复制为交叉表　　　　　　图 3-32　工作簿底部复制为交叉表

3. 重命名工作表

方法一：双击工作簿底部双击需要重命名的工作表，如图 3-33 所示输入工作表的新名称即可。

图 3-33　双击重命名工作表

方法二：工作簿底部重命名工作表，在工作簿底部右击需要重命名的工作表，选择"重命名"，输入工作表的新名称即可。如图 3-34 所示。

4. 删除工作表

在工作簿底部右击需要删除的工作表，选择"删除"，该工作表会从工作簿底部移除。如图 3-35 所示。

图 3-34　工作簿底部重命名工作表　　　　图 3-35　工作簿底部删除工作表

3.2.3　Tableau 的仪表板

仪表板是若干视图的集合，可以实现同时比较各种数据的功能。例如，如果有一组需要经常审阅的数据，可以使用 Tableau 创建一个一次性显示所有视图的仪表板，而不是每次需要导航到每个单独的工作表。

用户可以通过工作簿底部的标签来访问仪表板。仪表板与工作表中的数据同步，在修改工作表时，工作表相应的仪表板也会随之更新。当然，在修改仪表板时，对应的工作表也是如此。工作表和仪表板都会随着数据源中的最新可用数据一起更新。

有关仪表板的操作分为创建仪表板、认识仪表板、复制仪表板、重命名仪表板和删除仪表板，具体操作介绍如下。

1. 新建仪表板

方法一：单击菜单栏下"仪表板"，在下拉菜单中选择"新建仪表板"，如图 3-36 所示。

方法二：在工具栏上，单击"新建工作表"按钮上的下拉菜单，然后选择"新建仪表板"，如图 3-37 所示。

方法三：在工作簿底部单击"新建仪表板"按钮，如图 3-38 所示。

图 3-37 工具栏新建仪表板

图 3-36 菜单栏新建仪表板

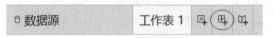

图 3-38 工作簿底部新建仪表板

在新建了一个仪表板之后，Tableau 将自动转入"仪表板页面"，如图 3-39 所示。

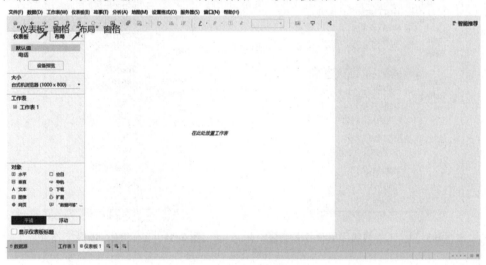

图 3-39 仪表板页面

2．认识仪表板

1）"仪表板"窗格。从左侧的"工作表"列表中，将视图拖到右侧的仪表板中，如图 3-40 所示。

在"仪表板"窗格上的"大小"中，可以选择仪表板的尺寸（如"台式机浏览器"）或调整大小（如"自动"），如图 3-41 所示。

从左侧的"对象"部分，将项目拖到右侧的仪表板。也可以选择平铺或浮动放置仪表板项目以及是否显示仪表板标题，如图 3-42 所示。

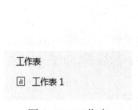

图 3-40 工作表

图 3-41 设置仪表板大小

图 3-42 对象

2）"布局"窗格。在其中可以选择显示或隐藏仪表板中"选定项"的标题，并设置其是否为"浮动"以及位置和大小。也可以指定边框形式和颜色、背景色和不透明度或者边距大小（以像素为单位），如图 3-43 所示。

3．复制仪表板

右键单击沿工作簿底部排列的工作表标签中需要复制的仪表板，选择"复制"即可，如图 3-44 所示。

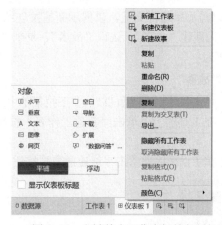

图 3-43　仪表板的"布局"窗格　　　　图 3-44　右键单击工作表标签复制仪表板

4．重命名仪表板

方法一：双击沿工作簿底部排列的工作表标签中需要重命名的仪表板，如图 3-45 输入仪表板的新名称即可。

图 3-45　双击工作表标签重命名仪表板

方法二：右键单击沿工作簿底部排列的工作表标签中需要重命名的仪表板，选择"重命名"，输入仪表板的新名称即可，如图 3-46 所示。

5．删除仪表板

右键单击沿工作簿底部排列的工作表标签中需要删除的仪表板，选择"删除"，该仪表板即被删除，如图 3-47 所示。

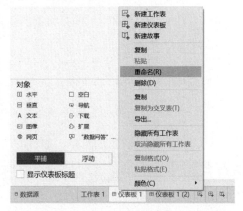

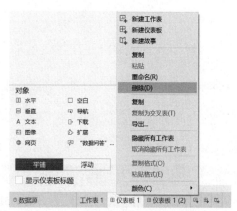

图 3-46　右键单击工作表标签重命名仪表板　　　图 3-47　右键单击工作表标签删除仪表板

3.2.4 Tableau 的"故事"

在 Tableau 中,"故事"包含一系列共同作用以传达信息的工作表或仪表板。用户通过创建"故事"达到讲述数据的目的,或是创建一个有意义的案例。故事是一个工作表,因此用于创建、命名和管理工作表与仪表板的方法也同样适用于故事。故事中各个单独的工作表称为"故事点"。

当用户需要分享故事时,如通过将工作簿发布到 Tableau Online、Tableau Server 或 Tableau Public,也可以与故事进行交互,以揭示新的发现结果或提出有关数据的新问题。有关故事的操作,本小节分为新建"故事"、认识"故事"、复制"故事"、重命名"故事"和删除"故事",具体操作介绍如下。

1. 新建"故事"

方法一:单击菜单栏下"故事",在下拉菜单中选择"新建故事",如图 3-48 所示。

方法二:在工具栏上,单击"新建工作表"按钮上的下拉箭头,然后选择"新建故事",如图 3-49 所示。

方法三:在工作簿底部单击"新建故事"按钮,如图 3-50 所示。

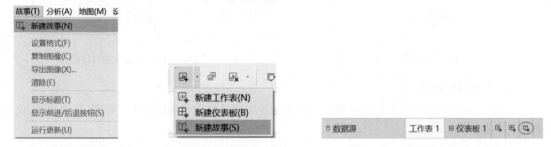

图 3-48 菜单栏新建"故事"　　图 3-49 工具栏新建"故事"　　　　图 3-50 工作簿底部新建"故事"

在新建了一个故事之后,Tableau 将自动转入"故事"页面,如图 3-51 所示。

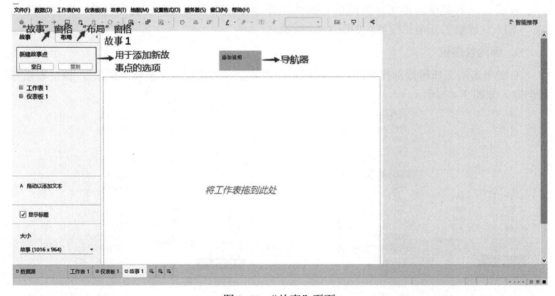

图 3-51 "故事"页面

2．认识"故事"

1)"故事"窗格。选择"空白"以添加新的故事点，或者选择"复制"将当前故事点用作下一个故事点的起点。

使用此窗格将工作表、仪表板拖到故事工作表，并向其中添加必要的说明。同时可以设置故事大小以及显示或隐藏标题等，如图 3-52 所示。

2)导航器：用户可以在此组织、编辑和标注故事点，通过单击导航器两侧的箭头，切换新的故事点，这是将故事逐步呈现出来的方式。

3)"布局"窗格：用来选择导航器样式以及显示或隐藏前进和后退箭头的位置，如图 3-53 所示。

图 3-52 "故事"的"故事"窗格

图 3-53 "故事"的"布局"窗格

3．复制"故事"

右键单击沿工作簿底部排列的工作表标签中需要复制的"故事"，选择"复制"即可，如图 3-54 所示。

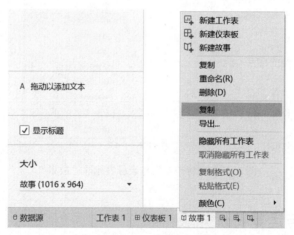

图 3-54 右键单击工作表标签复制"故事"

4．重命名"故事"

方法一：双击沿工作簿底部排列的工作表标签中需要重命名的"故事"，如图 3-55 输入"故事"的新名称即可。

图 3-55　双击工作表标签重命名"故事"

方法二：右键单击沿工作簿底部排列的工作表标签中需要重命名的"故事"，选择"重命名"，输入"故事"的新名称即可，如图 3-56 所示。

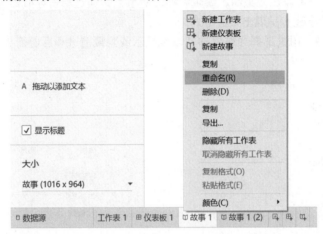

图 3-56　右键单击工作表标签重命名"故事"

5. 删除"故事"

右键单击沿工作簿底部排列的工作表标签中需要删除的"故事"，选择"删除"，该"故事"即被删除，如图 3-57 所示。

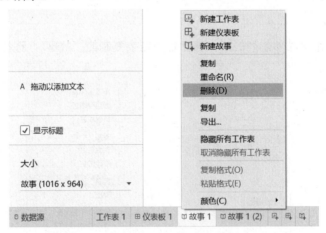

图 3-57　右键单击工作表标签删除"故事"

3.3　数据类型与运算符优先级

数据类型与运算符优先级是进行数据分析的必要前提。数据类型反映该字段存储信息的种类。Tableau 支持字符串、日期/日期时间、数值型和布尔数据类型。运算符用于执行程序代码运算，在一个表达式中可能包含多个不同运算符连接起来的、具有不同数据类型的数据对象。当表达式中包含多种运算时，要按一定顺序进行结合，才能保证运算合理和结果唯一、正确。

1．数据类型

下面介绍 Tableau 主要支持的数据类型。

- 字符串（STRING）：字符串是由数字、字母、下划线组成的一串字符，通过单引号或双引号识别。
- 日期/日期时间（DATE/DATETIME）：长型格式编写的日期前后加上"#"，即转换为日期/日期时间，如#August 7,2020#即为日期/日期时间数据类型。
- 数值型：是按数字尺度测量的观察值，其结果表现为具体的数值。在 Tableau 中的数值可以为浮点数或整数。
- 布尔型（BOOLEAN）：布尔型的值只有两个，false（假）和 true（真）。且 false 的序号为 0，true 的序号是 1（或者是非 0）。

2．运算符优先级

1）算术运算符。如表 3-2 所示。

表 3-2　算术运算符

运算符种类	应用	运算符种类	应用
+（加法）	数字相加，字符串串联	/（除法）	数字相除
－（减法）	数字相减，表达式求反	%（取余）	求数字相除后的余数
*（乘法）	数字相乘	^（乘方）	求数字的指定次幂

2）逻辑运算符。如表 3-3 所示。

表 3-3　逻辑运算符

运算符种类	应用
AND（逻辑与）	只有两个操作数都是真，结果才是真
OR（逻辑或）	只要任意一个为真，输出则为真
NOT（逻辑非）	可用于求反运算

3）比较运算符。

Tableau 中常见的比较运算符包括：等于（=）、大于（>）、小于（<）、大于或等于（>=）、小于或等于（<=），不等于（!=和<>），结果返回布尔值（FALSE 或 TRUE）。如表 3-4 所示。

表 3-4　比较运算符

运算符名称	符号表示	运算符名称	符号表示
等于	=	大于或等于	>=
大于	>	小于或等于	<=
小于	<	不等于	!=和<>

4）运算符优先级。

运算符优先级顺序：一求反（-），二乘方（^），三乘（*）除（/）和取余(%)，四加（+）减（-），五比较运算符（==、>、<、>=、<=、!=），六逻辑否（NOT），七逻辑且（AND），八逻辑或（OR）。有括号时先运算括号里面的。如表 3-5 所示。

表 3-5　运算符优先级

优先级	运算符	优先级	运算符
1	求反（−）	5	比较运算符（==、>、<、>=、<=、!=）
2	乘方（^）	6	逻辑非（NOT）
3	乘（*）除（/）和取余(%)	7	逻辑与（AND）
4	加（+）减（−）	8	逻辑或（OR）

📖　所有运算符的使用必须是在英文状态下，否则运算会出现错误。

3.4　Tableau 的文件管理

Tableau 支持多种数据源类型，如 Excel 文件、文本文件、JSON 文件、Access 文件、PDF 文件、空间文件和统计文件等。下面针对常见的数据源进行详细介绍。

1．Excel 文件

Excel 是 Microsoft 为使用 Windows 和 Apple Macintosh 操作系统的计算机编写的一款电子表格软件，可以进行各种数据处理、统计分析等，适用于多个领域。Tableau 可以连接到.xls 和.xlsx 文件。若要连接到.csv 文件，则需使用文本文件连接器。

单击"连接-到文件"下的"Microsoft Excel"按钮，在出现的对话框中选择需要连接的相应文件。

📖　从 Tableau 2020.2 开始，不再支持旧版 Excel 和文本连接。

2．文本文件

文本文件是指以 ASCII 码方式，即文本方式存储的文件。Tableau 可以连接到.txt、.csv、.tab 和.tsv 文件。

单击"连接-到文件"下的"文本文件"按钮，在出现的对话框中选择需要连接的相应文件。

3．JSON 文件

JSON 是一种轻量级的数据交换格式，易于用户的阅读和编写，同时也易于机器解析和生成，是一种理想的数据交换语言。

单击"连接-到文件"下的"JSON 文件"按钮，在出现的对话框中选择需要连接的相应文件。在"选择架构级别"对话框中，选择您想要在 Tableau 中进行查看和分析的架构级别，然后选择"确定"即可。

📖　将 Tableau 连接到 JSON 文件时，Tableau 会扫描 JSON 文件的前 10 000 行中的数据，并从该过程中推断架构。

4．Access 文件

Microsoft Office Access 是微软把数据库引擎的图形用户界面和软件开发工具结合在一起的一个数据库管理系统。可以用来进行数据分析、开发软件等，在很多地方得到了广泛使用，如小型企业、大公司的部门。

　　Tableau 可以连接到.mdb 和.accdb 文件。Tableau 支持除 OLE 对象和超链接之外的所有 Access 数据类型。单击"连接–到文件"下的"Microsoft Access"按钮，在出现的对话框中单击"浏览"选择需要连接的相应文件。如图 3-58 所示。

　　在开始连接之前，请收集以下连接信息：

　　1）Access 文件名。

　　2）如果该文件受密码保护，需要数据库密码。

　　3）如果该文件具有工作组安全性，则需要工作组安全凭据：工作组文件名、用户、密码。

图 3-58　Microsoft Access 文件连接

　　在 Windows 计算机上将此连接器与 Tableau Desktop 配合使用。

📖　Tableau 具有数据处理的功能，也可以借助其他软件工具，例如使用具有强大的过滤功能的 Access 先对数据进行处理，再通过 Tableau 直接生成可视化图表。

5. PDF 文件

　　PDF 是由 Adobe Systems 用于与应用程序、操作系统、硬件无关的方式进行文件交换所发展出的文件格式。Tableau 可以连接到.pdf 文件。Tableau 不支持从右到左（RTL）的语言。如果 PDF 文件中包含 RTL 文本，则字符可能会以相反顺序显示在 Tableau 中。

　　单击"连接–到文件"下的"PDF 文件"按钮，在出现的对话框中选择需要连接的相应文件。在"扫描 PDF 文件"对话框中，指定想要 Tableau 扫描表格的文件中的页面。可以选择扫描所有页面、仅单个页面或一系列页面中的表格。

📖　将扫描文件的第一页记为"第 1 页"。在扫描表格时，需要指定 PDF 阅读器的页码，而不是文档本身中可能使用的页码，该页面可能从第 1 页开始，也可能不从第 1 页开始。

6. 空间文件

　　Tableau Desktop 支持连接到的空间文件类型有 Esri 文件地理数据库、Shapefile、MapInfo 表、KML（锁眼标记语言）文件、GeoJSON 文件和 TopoJSON 文件等。

　　单击"连接–到文件"下的"空间文件"按钮，在出现的对话框中选择需要连接的相应文件。在连接到空间文件之前，需要确保将以下所有文件包含在同一目录中，如表 3-6 所示。

表 3-6　不同空间文件类型的要求

文件类型	要求
Esri 文件地理数据库	文件夹必须包含文件地理数据库的.gdb，或包含文件地理数据库的.gdb.的.zip
Esri Shapefile	文件夹必须包含.shp、.shx、.dbf 和.prj 文件，以及 Esri Shapefile 的.zip 文件
MapInfo 表（仅限 Tableau Desktop）	文件夹必须包含.TAB、.DAT、.MAP 以及.ID 或.MID 和.MIF 文件
KML 文件	文件夹必须包含.kml 文件（不需要其他文件）
GeoJSON 文件	文件夹必须包含.geojson 文件（不需要其他文件）
TopoJSON 文件	文件夹必须包含.json 或.topojson 文件（不需要其他文件）

📖 在 Tableau Desktop 版本 10.2 和更高版本中支持连接到空间数据。

平面文件将拉入整个文件夹的内容。出于性能原因，请移除不必要的文件并减少文件中的数据量。

只能在当前版本的 Tableau 中连接到点几何图形、线性几何图形和多边形。无法连接到混合几何类型。

如果您的数据未正常显示变音符号（字符上的重音符号），请检查以确保文件采用 UTF-8 编码。

7. 统计文件

Tableau 支持连接到 SAS（*.sas7bdat）、SPSS（*.sav）和 R（*.rdata、*.rda）数据文件。

单击"连接-到文件"下的"统计文件"按钮，在出现的对话框中选择需要连接的相应文件即可。

📖 自 2020.1 版本起，Tableau 不再支持使用 SASYZCR2 压缩的统计文件。可以使用其他压缩方案使文件可供 Tableau 读取。

本章小结

Tableau Desktop 是一款完全的数据可视化软件，满足大多数企业、学校进行数据分析和展示的需要，具有简单、快速、易学和可视化等特点。本章完成了 Tableau Desktop 的下载与激活，正确地选择合适的激活方式是十分重要的。

在 Tableau 的工作区中能够成功地创建工作表、仪表板和故事。熟悉工作环境是本章的重点。

数据类型与运算符优先级是进行数据分析的必要前提。希望通过本章的学习，能够让读者理解并区分不同的数据类型与运算符优先级。

Tableau 支持多种数据源类型，本章介绍了 Excel 文件、文本文件、JSON 文件、Access 文件、PDF 文件、空间文件和统计文件。要求读者在进行数据源导入时能够准确区分上述文件，为后续的学习打下坚实基础。

习题

1. 概念题

1）试说明复制工作表和复制交叉表在操作和功能上的区别与联系。

2）试说明工作表、仪表板和故事在数据分析上的关系。

3）简述 Tableau 主要支持的数据类型。

4）简述算术运算符的优先级。

5）简述逻辑运算符的优先级。

2. 操作题

1）登录官方网站，下载并安装 Tableau Desktop，选择合适的激活方式，以备后续学习使用。

2）自选文件格式作为数据源导入一个文件。

3）新建一个工作表并熟悉工作环境。

4）新建一个仪表板并熟悉工作环境。

5）新建一个故事并熟悉工作环境。

第 4 章

Tableau 操作

在成功完成 Tableau Desktop 的下载与安装后，本章将从数据连接、数据字段的认识到数据可视化三方面来描述 Tableau 实操过程，进一步认识其可视化效果以及方便快捷的互动分析与共享能力。数据源字段是有限的，实际问题却是无限的，Tableau 除了兼容一般函数的使用外，还加入了 Tableau 特殊函数，为解决多种多样的实际问题提供帮助，4.4 节与 4.5 节将进行详细阐述。

4.1 数据连接与处理

使用 Tableau Desktop 进行数据分析，第一步就是对数据源的连接。数据是数据分析的基础，有了数据，才能根据问题对数据进行处理，数据连接决定了 Tableau 如何访问数据和获取哪些数据。Tableau 提供内置的数据清理和准备功能，其操作简单易实现，能够对原始数据进行简单处理。除此之外，对 Tableau 的开始界面功能进行补充。

4.1.1 数据连接

Tableau Desktop 支持多种格式的数据源，根据数据来源分为三类，分别是到文件、到服务器以及已保存数据源。为适用不同的情况需求，Tableau 提供两种数据连接方式，分别为实时与数据提取。

1. 数据源连接

到文件就是连接保存在本地的文件数据。常见的文件格式有 Excel 表格、文本文件（包括.txt、.csv 等格式）、统计文件（R 或 SAS 等文件格式）以及用来存储离线地图数据的空间文件（以.shp 格式为代表），还有 PDF 文件；到服务器文件，包括 Microsoft SQL Server、Oracle 等数据库文件；而已保存数据源这部分是指 Tableau 本身自带的一些数据源，以及自己根据需要保存的数据源，都会显示在已保存区域内。

在开始界面左侧，就是各类数据源的连接导航。在这里简述与 Excel 文件的连接，当选择其他数据源进行连接时，操作步骤类似，按照弹出对话框的提示操作即可。在开始页面的"连接"下单击 Microsoft Excel，找到需要连接的 Excel 工作簿，然后单击"打开"按钮。如图 4-1 所示。

图 4-1　Excel 数据源连接

在某些情况下，Tableau 会提醒"使用数据解释器"。这是因为 Tableau 会对连接到的数据源进行检查，进行第一步数据处理。例如.xls 文件中常出现的单元格合并，多个表头等情况。"使用数据解释器"会自动处理这些情况。

一般数据源中会有多个工作表，选择需要的，将其拖曳到右侧指定位置即可。如图 4-2 所示。在更多时候，需要使用多个工作表中的数据。在此页面中 Tableau 支持并集、联接与关系三种方式对数据进行集成，对于其具体解释，在第 6 章的数据准备部分会进行详细的介绍。并集通过将工作表 2 拖曳到工作表 1 上直至出现如图 4-3 所示 a 处的样式，放开工作表 2，即完成工作表的并集连接。联接支持内部、左侧、右侧以及完全外部的连接，双击工作表 1，将工作表 2 拖曳到画布，单击连接位置，选择需要的联接方式即可，如图 4-3 所示 b 处。关系也是集成多个工作表中数据的一种方式，如图 4-3 所示 c 处将所需的工作表拖曳到画布，自动建立连接，同样单击连接的线，能够对建立关系的内容进行更改。

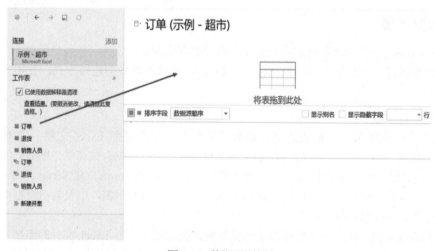

图 4-2　数据源面板

📖　对于本地文件而言，有一种简单直接的方式——直接拖曳。将本地文件直接拖曳到 Tableau 开始界面即可完成数据源连接。

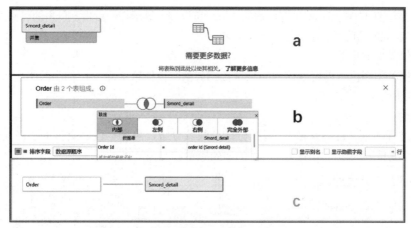

图 4-3　多个工作表的连接

2．数据连接方式

因为不同的场景对连接的数据源要求不同，Tableau 提供实时与数据提取两种方式建立数据源连接，以满足不同的场景需求。默认为实时连接。

（1）实时连接

实时连接，顾名思义，连接是实时的，保持与数据源的同步。即如果数据源发生更改，通过"立即更新"或"后继自动更新"就能够将数据进行更新。如果与数据源断开连接，数据连接也将失败。

在数据要求准确性与保密性并且硬件环境支持的情况下，可以优先考虑实时连接数据。

（2）数据提取

与实时连接不同的是，数据提取是将数据源保存到本地，在本地创建文件，可以实现离线分析。有时候数据量非常大，达到几亿甚至几十亿字节的情况，大量数据会给开发操作带来性能上和实效性方面的延迟；或者希望提取样本加速分析；又或者想要把工作带回家离线分析。这个时候就可以考虑选择"数据提取"，如有必要可以添加提取条件，能够使用添加筛选器的方式对字段的内容进行选择，能够对数据进行聚合，或者是提取某些行的数据，也能够对数据进行抽样提取。比如只提取华北地区的数据，如图 4-4 所示，单击"数据提取"按钮旁边的"编辑"按钮对提取的数据进行选择，通过筛选器完成地区的筛选。

4.1.2　数据处理

Tableau Desktop 的数据连接面板中支持简单的数据清洗与数据加工工作。例如能够将不使用的数据字段隐藏，以及对数据字段进行信息提取、计算、分组、转换等加工。以下介绍部分功能，其他请自行探索。数据连接成功后，进入数据源页面，在数据预览窗格中进行以下操作。

（1）工作表的重命名

双击工作表名称即可完成重命名。

（2）隐藏不必要字段

在数据预览窗格，对连接数据进行查看，

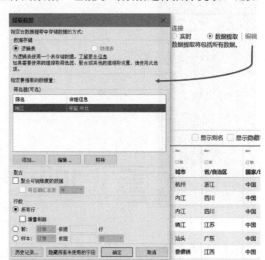

图 4-4　数据提取筛选器

Tableau 默认显示前 1000 行。如果有特殊的要求，可以修改显示行的数量，单击即可修改，如图 4-5 的 a 处所示，也能够将隐藏的字段重新显示出来。

（3）数值类型的更改

单击数据类型图标可以更改该列的默认数据类型。根据第 2 章介绍的字段类型进行调整，如图 4-5 的 b 处所示。

（4）其他

对数据进行转置（行列互换），或拆分或分组或分级，单击字段右上方的小三角处，根据选项，就可以完成相应操作，如图 4-5 所示的 c 处所示。

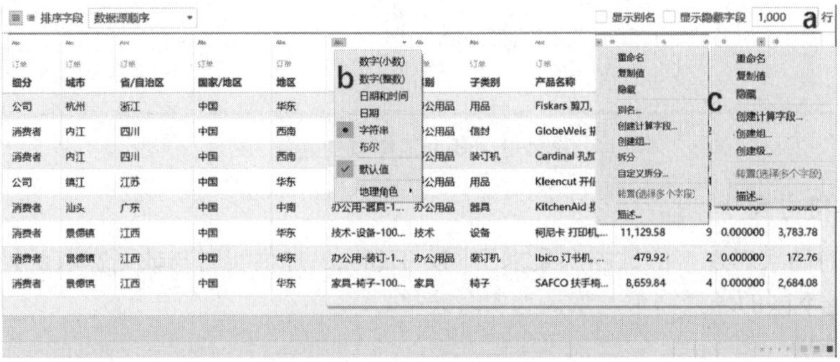

图 4-5　数据预览窗格

4.1.3　界面补充

在开始区域，有三部分：左侧的数据连接区域，中间的打开区域，以及右侧的探索区域。如图 4-6 所示。连接区域在数据连接时已介绍，下面对打开区域与探索区域进行解释。

图 4-6　数据源连接页面

1．打开区域

最近已创建的工作簿或者浏览过的工作簿都可以从这里看到，单击即可快速打开工作簿进行浏览或修改。下方的示例工作簿是 Tableau 自带的可视化示例，单击进入不仅可以观看完整的可视化作品，还可以利用其数据进行进一步可视化探索。在没有数据，但想要尝试使用 Tableau 进行可视化探索的情况下，这些示例是个很好的开始。

2．探索区域

Tableau 社区提供大量的免费培训视频，单击培训下方链接，直接进入该方面的培训视频。同理，资源下方链接直接连接到各种 Tableau 学习资源。当遇到某些操作问题时，可以选择从此区域寻找解决方案。

4.2　"数据"与"分析"窗格

在完成数据连接后，就进入 Tableau 的工作区。Tableau 连接数据时，会自动将数据源中的每个字段分配给"数据"窗格的"维度"区域或"度量"区域，同时自动生成度量名称与度量值字段，"分析"窗格为统计图添加分析线，增强分析效果。

4.2.1　维度与度量

维度与度量是字段的两种分类。在第 3 章中讲到，字段的数据类型有 7 类，这是根据数据的应用范围定义的，针对特定的范围使用不同的数据类型。例如：表示数量的使用数字类型，而地理信息使用地理角色类型。当按照字段的数据值来分类的话，可分为文字型与数值型，也就是字符串与数字，即"分类字段"和"量化字段"，从实际问题可理解为"是什么"和"有多少"。在 Tableau 中，对应的分别是维度（Dimension）与度量（Measure）。

- 维度：不能比较，不能运算，对应着分析问题的层次。
- 度量：能比较，能运算，对应分析问题的答案，默认聚合。

在问题分析中，问题是由维度与度量组成的。维度在其中充当定位问题层次的角色，描述"问题是什么"，度量描述"答案有多少"。层次也被称为"详细级别（Level Of Detail，LOD）"。生成问题层次所对应的度量聚合，统称为"广义 LOD 计算"。随着大数据时代的数据爆炸，更加注重数据的整体特征，因此在 Tableau 中度量是默认聚合的。

【例 4-1】 维度与度量的使用

以"示例-超市.xls"数据为例，现在分析"每个类别下的子类别的销售情况"，在这个问题中有两个维度字段：类别、子类别，其层次对应的度量字段是销售额。视图的展现结果是销售额在类别-子类别层次上的聚合汇总。将类别与子类别字段拖曳到"行"功能区，销售额拖曳到"列"功能区中，即完成了每个类别下各子类别的销售情况的可视化。如图 4-7 所示。

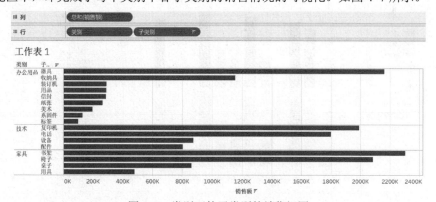

图 4-7　类别下的子类别的销售视图

📖 本章所使用的"示例-超市.xls"数据是 Tableau 自带的数据源，在"我的 Tableau 存储库"的"数据源"目录下。

4.2.2 连续与离散

连续与离散是字段的两种特征。字段连续意味着字段内的数据是有先后顺序的，离散则意味着各自分离且不同。当从"数据"窗格拖曳维度字段时，默认是离散的；当拖拽的是度量字段时，默认是连续的。在 Tableau 中，离散与连续字段的胶囊颜色分别使用蓝色与绿色加以区别。

● 离散：创建列或行标题。

● 连续：创建轴。

其中年份字段比较特殊，既可以连续又能够离散。如图 4-8 所示，a 处看出离散的年份做的是列标题，右侧连续的年份字段做的是轴，b 处显示年份轴能够延伸，不仅局限于 2017～2020 年。

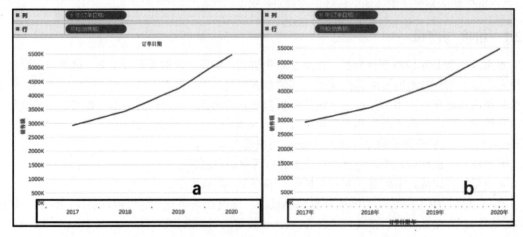

图 4-8 年份的连续与离散

字段是连续还是离散，会对颜色的默认行为产生影响。颜色功能区上离散胶囊将呈现出调色板样式，即每种类别拥有一种颜色。而对于连续胶囊来说，默认为颜色梯度，是一个基础颜色，具有从明到暗或由深转浅的变化。如图 4-9 所示。

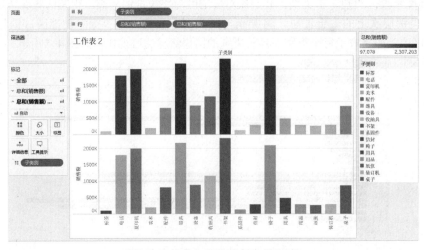

图 4-9 连续与离散对颜色的影响

4.2.3　度量名称与度量值

在理解了维度与度量后，度量名称与度量值的含义就显而易见了。它们不是来自原始数据的字段，而是由 Tableau 自动创建的字段。度量名称是所有度量字段的总和，所有的度量字段被收集到具有离散值的单个字段中，它也是一种维度字段，位于维度的最底端；度量值字段包含数据中的所有度量，位于度量的最底端。目的在于处理不同的数据结构时提供更大的灵活性。

📖　度量名称是维度字段，度量值是度量字段。拖拽度量值到视图中，视图将包含所有的度量。

【例 4-2】　度量名称与度量值的使用。

当制作类别的利润与销售额文本卡时，会出现图 4-10 这样的情况，此时就可以借用度量名称的离散特性。

将度量名称字段拖曳到"列"功能区，并将其放置在筛选器中选择利润与销售额，拖曳度量值字段到"标记"卡的文本中，最终会得到如图 4-11 所示的结果。

图 4-10　不正确的类别利润与销售额文本卡

图 4-11　正确的类别利润与销售额文本卡

4.2.4　"数据"窗格

在"数据"窗格的顶端是显示连接的所有数据源，其下部是所属数据源的所有字段。Tableau 连接数据源时，会将该数据源中的每个字段分配给"数据"窗格的"维度"区域或"度量"区域，以及自动创建的度量名称与度量值。如果字段包含分类数据（如名称、日期 或地理数据），Tableau 就会将其分配给"维度"区域，如果字段包含数值，Tableau 就会将其分配给"度量"部分。

除此之外，"数据"窗格还支持一些其他功能。如创建计算字段，字段分组等。在搜索窗口右端依次提供对表字段筛选功能，查看数据源功能以及其他字段显示与设置功能。如图 4-12 显示的 a、b、c 处。

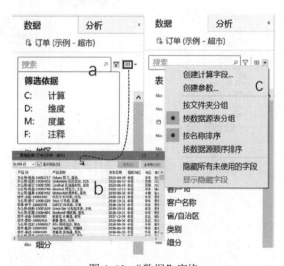

图 4-12　"数据"窗格

4.2.5 "分析"窗格

一个能够准确传达数据背后逻辑或趋势的视图，只依靠维度与度量字段是远远不够的，往往还需要其他辅助技术来帮助理解数据。在"分析"窗格中提供的多种辅助线在一定程度上能够增强分析效果，达到将数据规律更加准确地传递给数据访问者的目的。

"分析"窗格中提供的各种参考线与参考区间，使用的依旧是拖曳的思想。选择想要使用的参考线，拖曳到视图中，根据弹出的对话框中选择对应的范围，释放拖动，参考线就跃然视图中了。表、区与单元格的作用范围不同。如图 4-13 所示。

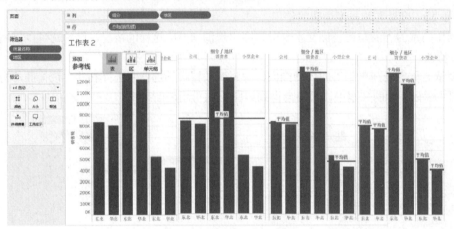

图 4-13　参考线作用范围

【**例 4-3**】　超市利润预测

在使用"示例-超市.xls"数据对超市今后几年的利润情况做预测时，依次双击利润字段与订单日期字段，此时的年份字段变为离散的蓝色胶囊，单击胶囊的小三角，选择连续的月份字段，蓝色胶囊变为绿色胶囊。再从"分析"窗格中拖曳"预测"到视图中，能够得到如图 4-14 所示结果。

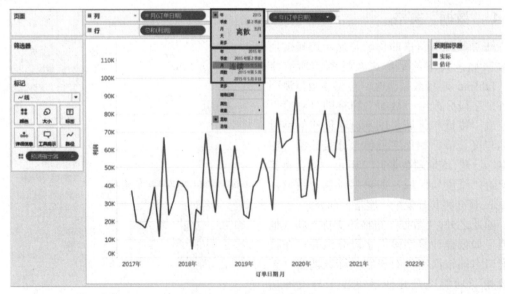

图 4-14　超市利润预测

4.3　创建视图

一个或多个工作表（视图）经过精心的布局设计，可以构成一个仪表盘，实现多个数据层次互动；一个或多个仪表盘经过连接形成故事，揭示数据逻辑。视图是 Tableau 可视化产品的最基本组成单元。

每个视图都包含可显示或隐藏的各种不同功能的卡片。拖动字段胶囊到"行"或"列"功能区中创建可视化视图整体结构，辅助使用卡片美化细致可视化视图。基于视图中已选用字段来智能显示与数据最相符的可视化类型。接下来，将具体认识一下 Tableau 在视图创建过程中的功能卡片与功能区。

4.3.1　"行"与"列"功能区

顾名思义，"行"功能等同于传统概念图表中的行，"列"功能区相当于创建图表中的列，其是创建视图的主干，搭建起视图的整体框架。将相应字段拖曳到"行"或"列"功能区，就可以完成视图的创建。

> 📖　"行"相当于 y 轴，"列"相当于 x 轴。

除了拖曳字段的方式，还可以双击需要的字段，Tableau 会自动将字段先放置在"行"功能区，其次是"列"功能区，如果行列不符合预期的，通过菜单栏的"交换行和列"，可快速交换行列的位置。

还可以使用〈Ctrl〉键，选择需要的所有字段，根据智能推荐的高亮图表，选择心仪且合适的视图。

【例 4-4】　各地区客户数量。

现利用"示例-超市.xls"数据源，分析各地区的客户数量。设想的视图结构为，地区为 x 轴，客户数量为 y 轴。

在维度字段中选择地区字段，拖曳到"列"功能区，维度中选择"客户 Id"拖曳到"行"功能区。此时的客户 Id 是离散的，通过字段右侧小三角，设置为度量，并且选择"计数（不同）"。其结果如图 4-15 所示。

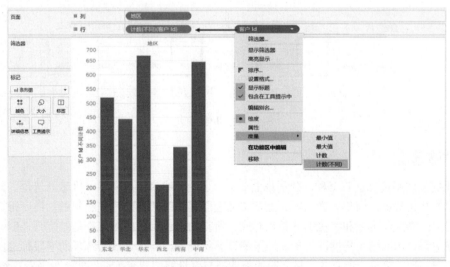

图 4-15　各地区客户数量

4.3.2 "标记"卡

大数据时代的来临，使得数据呈现爆炸式增长。传统的交叉表与简单图形已经没有办法展示足够多的数据信息。这需要在传统图表上通过其他方式增加"知识密度"，并且这些方式是能够直观地展现信息。在 1.4 节的视觉通道——"空标尺颜高饱位；色透方形纹动配"中，想要达到有效率的传递信息，在具体设计中巧妙选取适合的视觉通道类型，是非常必要的。

"前注意属性"提供了解决方案。现代心理学家把颜色、形状等能快速引起心理反应的信号统称为"前注意属性"，在我们的潜意识活动中，只需要 0.25s 就可以做出识别。根据人们对这些的感知程度，其先后顺序首先是位置，其次才是大小和颜色。

在 Tableau 中，这些在"标记"选项卡中都能够找到实现方式。

在"标记"卡中，不仅有用于图像类型选择的标记类别选择器，也提供在颜色、大小、文本等方面来对标记进行编码的功能，其功能具体如表 4-1 所示。有时还会出现形状和角度等控件，可用控件取决于标记类型，增强分析，具体如图 4-16 所示。其使用方式，将字段拖曳到对应模块中即可。

表 4-1　控件及其说明

控件	说明
标记类别选择器	提供多种标记类型，如条形图、区域、形状、地图等
颜色	依据维度和度量字段表达颜色
大小	依据维度和度量字段表达大小
文本	为视图显示一个或多个信息
详细信息	依据字段为视图添加层次
工具提醒	鼠标移到视图上显示字段信息
其他控件	路径、角度、形状

图 4-16　其他控件

4.3.3 "筛选器"卡

这里提供的筛选功能有三种，分别是上下文筛选器、维度筛选器以及度量筛选器。其能够减少视图中的数据数量，聚焦关键问题。上下文筛选器调整筛选器的优先级问题，维度筛选器与度量筛选器中的维度与度量和字段的分类相对应。所有的维度字段的筛选都是维度筛选器，比如只查看类别中办公用品的销售情况、华北地区的订单状况等，除了常规筛选择的字段筛选，还提供了条件筛选与顶部筛选；所有的度量字段的筛选都与度量筛选器有关，比如会员消费总额超过 20

万的会员等，能够进行诸如总和、方差类的筛选。如图 4-17 所示。

图 4-17　维度与度量筛选器

【例 4-5】　上下文筛选器的使用。

使用"Sample-superstore.xls"数据，分析"Office Supply 类别的销售总额前五名的产品子类别都有哪些。"在"数据"窗格中依次双击 Sales 与 Sub-Category 字段，在行列功能区上方的"交换行和列"，进行行列互换。拖曳 Sub-Category 字段到筛选器，使用顶部筛选前五名，再拖曳 Category 字段到筛选器，进行常规筛选，选择"Office Supplies"。如图 4-18 所示进行筛选器设置。

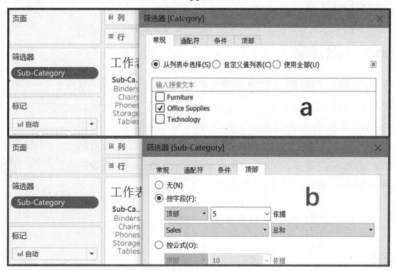

图 4-18　Sample-superstore 的字段筛选

最终视图展示如图 4-19 的 a 处所示，其结果显然是不正确的，寻找的是前五名，最后却只有两名被筛选出来。这是因为筛选的先后顺序问题，Tableau 默认先筛选前五名的销售冠军，再在其中寻找 Office Supplies 类。

这时候上下文筛选器就派上用场了。在筛选器的 Category 处单击右键，选择"添加到上下文"如图 4-19 的 c 处所示，此时筛选器中的 Category 胶囊变成黑色，视图展示结果为五条，如图 4-19 的 b 处所示。

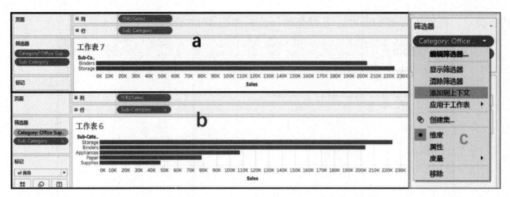

图 4-19　上下文筛选器过程

4.3.4　智能推荐

智能推荐会根据已选定的字段，智能地推荐视图类型。当不知道要如何制作视图或者不清楚选择哪种视图时，智能推荐是个很好的选择，如图 4-20 所示的智能推荐窗格。

智能推荐在工作区的右侧，若智能推荐框没有出现，单击智能推荐即可出现。智能推荐支持 24 种视图类型，高亮区为满足要求可选的，非高亮区为条件不满足、不能使用的。若想要某种特定的视图类型，但智能推荐显示视图类型为非高亮，可根据智能推荐下方对维度与度量的要求，调整所选字段。

4.4　Tableau 一般函数

原数据提供的字段是有限的，实际问题分析却是复杂多样的，这时候往往需要对原有字段进行加工处理。Tableau 中内置丰富的函数，针对行级别字段的函数包括数字函数、字符串函数、日期函数、类型转换函数等，针对多行数据处理的聚合函数以及行级别与聚合级别均可用的逻辑函数。函数种类繁多，本部分将介绍常用的 Tableau 函数的使用示例，遇到不熟悉的函数，请到相关网站自行查询。

图 4-20　智能推荐窗格

📖　请务必注意，任何函数中的标点都是英文状态。

4.4.1　数字函数

数字函数主要用于数值计算，并且这些函数的参数只能是数字。主要包括各种算术、几何等运算。比较常用的如下。

1）ABS(number)

绝对值函数，返回数据的绝对值。

例如，ABS(-100)=100；

2）ROUND(number,[decimals])

四舍五入函数，对数据进行四舍五入，位数用来指定保留位数。

例如，ROUND(2.71418,2)=2.71 四舍五入，保留小数位后两位；

3）CELLING(number)　FLOOR(number)

向上/下取整函数，对数值进行向上/下取整。

例如，CELLING(10.05)=11，FLOOR(-3.4)=-4；

4）其他的函数包括数学中专业的三角函数、对数函数、幂函数等，比如 SIN 函数、LOG 函数等。

4.4.2　字符串函数

字符串函数能够实现对各类字符串做清理、截取、拆分、创建、查找、替换等操作。字符串中的第一个字符位置是从 1 开始的。该类函数中的第一个参数大部分均为 string。

1）Contains(string,substring)

判断 substring 是否包含在 string 中，返回 True 或 False。

例如，Contains("Tableau","able")=True；

2）FIND(string,substring,[start])

寻找 substring 在 string 的位置，返回索引位置，如果没有则返回 0。其中的参数[start]为可选参数，控制寻找 substring 的开始位置。

例如，FIND("Tableau","able")=2，FIND("Tableau","a",3)=6；

3）LEFT(string,number)　RIGHT(string,number)

从左/右侧开始，返回一定 number 数量的字符。

例如，LEFT("Tableau",4)="Tabl"，RIGHT("Tableau ",4)= "leau"；

4）MID(string,start,[length])

从索引位置 start 开始的一定长度的字符串。可选参数 length，确定返回的字符串长度，否则返回 start 之后的全部字符串。

例如，MID("Calculation",2,5)="alcul"；

5）REPLACE(string,substring,replacement)

在提供的字符串中搜索给定子字符串并将其替换为替换字符串。如果未找到子字符串，则字符串保持不变。

例如，REPLACE("Version8.5","8.5","9.0")="Version9.0"；

6）LEN(string)

返回字符串长度。

例如，LEN("Tableau")=7；

7）TRIM(string)　LTRIM(string)　RTRIM(string)

返回移除全部空格（TRIM）/前导（LTRIM）/尾随（RTRIM）空格的字符串

例如，TRIM(" Calculation ")="Calculation"，LTRIM(" Calculation ")="Calculation "，RTRIM(" Calculation ")=" Calculation"；

8）UPPER(string)　LOWER(string)

返回字符串的大/小写形式。

例如，UPPER("Tableau")="TABLEAU"，LOWER("Tableau")="tableau"；

4.4.3　日期函数

日期函数是针对日期字段处理的函数。处理的字段类型有日期与日期和时间。在不同的日期函数中对日期使用的符号不同，只有 ISDATE 与 DATEPARES 函数使用英文状态的双引号，其他均为#。

1）TODAY() NOW()

返回当前日期/日期和时间。

例如，TODAY()=1/10/2020，NOW()=1/10/2020 11:02:21 AM；

2）YEAR(date) MONTH(date) DAY(date)

返回给定日期的年份/月份/天，且为整数。

例如，YEAR(#2020-10-01#)=2020，MONTH((#2020-10-01#)=10，DAY(#2020-10-01#)=1；

3）ISDATE(string)

判断给定字符串是否为有效日期，返回 True 或 False。

例如，ISDATE("2020-10-24")=True；

4）DATEPART(date_part,date,[start_of_week])

DATENAME(date_part,date,[start_of_week])

返回 date 中的 date_part 部分，其为整数/字符串。

start_of_week 是周的起始，可选参数为"Monday"或"Sunday"。如果省略，则周起始日由为数据源配置的起始日确定。

例如，DATEPART('year',#2020-10-24#)=2020；

5）DATEADD(date_part,increment,date)

DATEDIFF(date_part,date1,date2,[start_of_week])

根据 date_part 处锁定位置，返回 increment 与 date 相加的结果，其结果的格式为日期和时间。

根据 date_part 处锁定位置，返回 date1 与 date2 之差，其结果的单位是 date_part。

例如，DATEADD('day',15,#2020-10-15#)=2020-10-30 12:00:00 AM，

DATEDIFF('month',#2020-07-15 #,#2020-04-03#,'sunday')=-3；

6）DATERUNC(date_part,date,[start_of_week])

按 date_part 指定的准确度截断指定日期，返回新日期。

例如，DATERUNC('quarter',#2020-08-15#)=2020-07-01 12:00:00AM，

DATERUNC('month',#2020-04-28 #)=2020-04-01 12:00:00AM；

4.4.4 类型转换函数

计算中任何表达式的结果都可以转换为特定数据类型。在 Tableau 中常用的数据类型有数字（小数）、数字（整数）、日期、日期时间和字符串，分别对应 FLOAT、INT、DATE、DATETIME 和 STR。

在使用中，数据类型是 DATE 与 DATETIME 时，双引号是必需的。例如 DATE(" 2020-10-24 10:00:00 ")＝2020-10-24 中引号是必需的。

4.4.5 聚合函数

聚合函数是用在多行之间的比较和计算。在此类函数中忽略所有 Null 值。

1）AVG(expression)

只对度量字段求平均值。

例如，AVG([Profit])；

2）SUM(expression)

只对度量字段求和。

例如，SUM([Profit])；

3）MAX(expression)　MIN(expression)

返回最大/最小值。

例如，MAX([Profit]),MIN([Sales])；

4）MEDIAN(expression)

只对度量字段求中位数。

例如，MEDIAN([Profit])；

5）COUNT(expression)　COUNTD(expression)

对离散或度量字段，进行计数/去重计数。

例如，COUNT ([用户 Id])=10，COUNTD ([用户 Id])=8；

6）ATTR(expression)

属性聚合，用于返回唯一属性或者*。判断在分区中，行值是否为唯一的，如果唯一，则返回唯一属性，否则返回*。

例如，ATTR ([用户 Id])；

7）一些统计函数也属于聚合类别的，例如 PERCENTILE（百分位），CORR（皮尔森相关系数）、COVAR（样本协方差）、STDEV（样本标准差）等。

4.4.6　逻辑函数

Tableau 自定义字段中经常使用逻辑函数，既可用于行级别，也可用于聚合级别。旨在根据不同情况返回不同的值。

1）IF THEN [ELSEIF THEN …] [ELSE] END

经过一系列条件判断，满足条件就执行 THEN 的语句，然后跳出判断，否则继续，直到所有条件不满足，END 退出。END 必须放在表达式的结尾。

例如，IF [Profit] > 0　THEN 'Profitable'　ELSEIF [Profit] = 0 THEN 'Breakeven' ELSE 'Loss' END；

2）IIF(test, then, else, [unknown])

IIF 相当于只有一个条件的 IF 语句，如果满足 test，则执行 then，否则执行 else。如果未知，则返回可选的第三个值或 NULL。

例如，IIF([Profit] > 0, 'Profit', 'Loss')；

3）IFNULL(expr1, expr2)

相当于一种特殊的 IF 语句，它的判断条件为是不是为 null，如果不是，则返回 expr1，否则返回 expr2。

例如，IFNULL([Profit], 0)；

4）CASE<expr> WHEN <value> THEN<return1>…[ELSE<else>] END

CASE 与 IF 语句类似，不同的是 CASE 用于等值判断。只有 expr 与 value 相等时，才执行 then 语句。如果未找到匹配值，则使用默认返回表达式。如果不存在默认返回表达式并且没有任何值匹配，则会返回 Null。同样 END 必须在最后。

例如，CASE [Region] WHEN 'West' THEN 1 WHEN 'East' THEN 2 ELSE 3 END；

5）ISNULL(expression)

判断表达式是否包含 Null，不包含则返回 True，否则返回 False。

例如，ISNULL([Sales])；

6）ZN(expression)

判断表达式，如果不为 Null，则返回其值，否则为 0。

例如，ZN([Discount])；

7）MAX(expression) 或 Max(expr1, expr2) MIN(expression) 或 MIN(expr1, expr2)

返回单一表达式所有记录中/每条记录两个表达式中的最大/最小值。

例如，MAX([Sales])，MIN([Profit])；

4.5 Tableau 特殊函数

除去一些常用的函数外，Tableau 还提供一些针对某些特定情况使用的特殊函数。用于将 SQL 表达式直接发送到数据库的直通函数，用于在共享数据分析成果时创建用户筛选器的用户函数，以及在视图基础上增加分析层次的表计算函数。

📖 请务必注意，任何函数中的标点都是英文状态的。

4.5.1 直通函数

Tableau 可以连接数据库文件，但是针对数据库的 SQL 语言，它的处理能力有限，RAWSQL 直通函数将 SQL 表达式直接发送到数据库，由数据库运行，而不由 Tableau 进行解析。在 Tableau 中创建计算字段时，使用的是 Tableau 可识别的字段或表达式，但这些对于 SQL 语句来说，就可能导致错误。

形式为 "%n" 的替换语法能够将 Tableau 中的字段或表达式，正确嵌入到 SQL 表达式中。其中的 n 为阿拉伯数字，代表第几个变量，从数字 "1" 开始。例如，计算数据总值的函数，Tableau 中的 [购买数量] 字段调用该函数，其 RAWSQL 函数形式为 RAWSQLAGG_INT ("SUM(%1)",[购买数量])，其中%1，等于[购买数量]。Tableau 提供了以下 12 种 RAWSQL 函数，可以将其分为两类，一类是前 6 个以 RAWSQL_开头的；另一类是后 6 个以 RAWSQLAGG_开头的，这类是针对聚合的 SQL 表达式，AGG 为 aggregate 的缩写，它们的作用基本是相同的。

1）RAWSQL_BOOL("sql_expr",[arg1],…[argN])

从给定 SQL 表达式的返回布尔结果。

例如，判断是否盈利也就是判断销售额是否大于利润，RAWSQL_BOOL("IIF(%1＞%2, True,False)",[Sales],[Profit])，其中%1 等于[Sales]，%2 等于[Profit]；

2）RAWSQL_DATE("sql_expr",[arg1],…[argN])

从给定 SQL 表达式返回日期结果。形如：xxxx-xx-xx。

例如，返回订单日期，RAWSQL_DATE("%1",[OrderDate])，%1 等于[OrderDate]；

3）RAWSQL_DATETIME("sql_expr",[arg1],…[argN])

从给定 SQL 表达式返回日期和时间结果。形如：xxxx-xx-xx。

例如，RAWSQL_DATETIME("MIN(%1)",[DeliveryDate])，%1 等于[DeliveryDate]。

4）RAWSQL_INT，RAWSQL_REAL，RAWSQL_STR 与下列 RAWSQLAGG_含义类似，不再阐述；

5）RAWSQLAGG_BOOL，RAWSQLAGG_DATE，RAWSQLAGG_DATETIME 与上文 RAWSQL_含义类似，不再阐述；

6）RAWSQLAGG_INT("sql_expr",[arg1,]…[argN])

从给定聚合 SQL 表达式返回整数结果。

例如，RAWSQLAGG_INT("500+SUM(%1)",[Sales])，%1 等于[Sales]；

7）RAWSQLAGG_REAL("sql_expr",[arg1,]…[argN])

从给定聚合 SQL 表达式返回数字结果。

例如，RAWSQLAGG_REAL("SUM(%1)",[Sales]), %1 等于[Sales]；

8）RAWSQLAGG_STR("sql_expr",[arg1,]…[argN])

从给定聚合 SQL 表达式返回字符串。

例如，RAWSQLAGG_STR("AVG(%1)",[Discount]), %1 等于[Discount]；

4.5.2　用户函数

在分享数据分析成果时，不同的用户拥有不同的访问权限，用户函数就是基于这样的理念，对访问视图的用户进行筛选，它是创建基于数据源的用户列表的用户筛选器。比如创建一个视图，用于显示每个员工的销售业绩。但是员工只能查看自己的销售情况，不能够知晓其他人的销售情况。用户函数就能够解决这样的问题。

用户有登录与未登录状态，用户登录时有 TableauServer 或 TableauOnline 用户名与全名，未登录时，有 Tableau Desktop 用户的本地或网络全名。

Tableau 中提供 6 种用户函数。

1）FULLNAME()

返回当前用户的全名，可以为登录的全名或本地或网络全名。

例如，[Manager]=FULLNAME()。如果经理 William 已登录，就仅当视图中的 Manager 字段包含 William 时才会返回 TRUE。用作筛选器时，此计算字段可用于创建用户筛选器，该筛选器仅显示与登录到服务器的人员相关的数据；

2）ISFULLNAME(string)

判断全名是否匹配，可以为登录的全名或本地或网络全名，匹配返回 TRUE，否则为 FALSE。

例如，ISFULLNAME("William")；

3）ISMEMBEROF(string)

判断是否为组内成员，是返回 TRUE，否则 FALSE。

如果当前使用 Tableau 的人员是与给定字符串匹配的组的成员，就返回 TRUE；如果当前使用 Tableau 的人员已登录，组成员身份就由 Tableau Server 或 Tableau Online 中的组确定，如果该人员未登录，此函数就返回 FALSE。

例如，IFISMEMBEROF("Sales") THEN "Sales" ELSE "Other" END；

4）USERNAME()

返回当前用户的用户名，可以为登录的用户名或本地或网络用户名。

例如，[Sales]=USERNAME()。同 FULLNAME 函数使用类似，用作筛选器时，此计算字段可用于创建用户筛选器，该筛选器仅显示与登录到服务器的人员相关的数据。

5）ISUSERNAME(string)

判断用户名的匹配，可以为登录的用户名或本地或网络用户名，匹配返回 TRUE，否则为 FALSE。

例如，ISUSERNAME("dhallsten")；

6）USERDOMAIN()

返回当前的域，如果用户是登录状态，则返回该用户的域，如果是未登录状态且在域上，则返回 Windows 域，如若不然返回空字符串。

例如，[Manager]=USERNAME() AND [Domain]=USERDOMAIN()；

4.5.3 表计算函数

Tableau 提供的一般函数满足了在行级别与视图级别单一层次的分析。但是对于各时期销售排名、销售占比这类问题，单从视图层面是没有办法回答的，需要对表格中各个单元格做对比，也就是说在原有层次上再次进行运算，才能得到答案。概况来说，行级别的字段是聚合计算的条件；而聚合计算的结果，则是表计算的条件。使用表计算函数可自定义表计算，表计算的结果依赖于表的本身结构。表计算函数可以分为：

定位类函数：FIRST、LAST、LOOKUP、PREVIOUS_VALUE。

汇总类函数：TOTAL、SIZE。

排序类函数：INDEX、RANK。

RUNNING 函数：running_sum、running_avg 及其他。

WINDOW 函数：window_sum、window_corr 及其他。

除此之外，Tableau 提供了用于将 Python 和 R 语言脚本嵌入的表计算函数，有 SCRIPT_ BOOL、SCRIPT_INT、SCRIPT_REAL、SCRIPT_STR，此处不再赘述。在 5.4.5 节将有进一步介绍。

1．定位类函数

定位函数中 FIRST 与 LAST 用于返回当前行距离分区的行首与行尾的偏移量，而 LOOPUP 与 PREVIOUS_VALU 返回特定偏移下的表达式的值。

1）FIRST()

正向返回距离，从分区第一行到当行的距离，其结果为第一行索引-当前行索引。

例如，假设当前的行在其分区的第 5 行（共 10 行）时，FIRST()=-4（1-5）；

2）LAST()

反向返回距离，从分区最后一行到当行的距离，其结果为最后一行索引-当前行索引。

例如，假设当前的行在其分区的第 5 行（共 10 行）时，LAST()=5（10-5）；

3）LOOKUP(expression,[offset])

返回目标行（指定为与当前行的相对偏移）中表达式的值。

可以使用定位函数 FIRST()和 LAST()来设立偏移。如果省略 offset，就可以在字段菜单中设置要比较的行。如果无法确定目标行，此函数就返回 NULL。

例如，LOOKUP(SUM([销售额]),FIRST()+1)计算分区第 2 行中的销售额总和。

4）PREVIOUS_VALUE(expression)

返回此计算在上一行中的值，相当于一种特殊的 LOOKUP 函数，其偏移量只有 1。

例如，SUM([Profit])*PREVIOUS_VALUE(1)计算 SUM(Profit)的运行乘积。

2．汇总类函数

汇总函数有两种，一种是对数据的汇总，对应着 TOTAL 函数；另一种是对行数的汇总，对应着 SIZE 函数。

1）TOTAL(expression)

返回分区内表达式的总计。

例如，TOTAL(AVG([销售额]))，其含义为所有分区的平均销售额的总计。

2）SIZE()

返回分区中行数的数量。

例如，Date 分区中有 7 行，因此 Date 分区的 Size()为 7。

3．排序类函数

这其中的 INDEX 并不涉及排序，它只是为分区进行编号建立索引，从 1 开始。而 RANK 函数是有一系列的，提供多种不同形式的排序，这里介绍 RANK 函数与 RANK__UNIQUE 函数的用法。默认为降序，可选参数'asc'|'desc'指定升序或降序排列。排名中忽略 Null 值。

1）INDEX()

为分区建立索引，返回分区中当前行的索引，并不涉及对值进行排序。

例如，当在分区中使用 INDEX()时，各行的索引分别为 1、 2、 3、4、5 等。在该分区中的第二行，其 INDEX()的值为 2。

2）RANK(expression,['asc'|'desc'])

为分区中当前行返回标准竞争排名，在 RANK 函数中相同的值拥有相同的排名。

例如，对值集(6,9,9,14)进行排名，降序时结果为(4,2,2,1)，升序时结果为(1,2,2,4)。

3）RANK__UNIQUE(expression,['asc'|'desc'])

为分区中的当前行返回唯一排名，即不同的排名可能被分配相同的值。

例如，对值集(6,9,9,14)进行排名，降序排名时(4,3,2,1)，升序时为(1,2,3,4)。

4）还有三种 Rank 函数，其与 RANK 和 RANK_UNIQUE 具体区别如表 4-2 所示。

表 4-2　Rank 函数及其区别

函数	描述	1	5	5	8	10
RANK	标准竞争排名	1	2	2	4	5
RANK_DENSE	密集排名	1	2	2	3	4
RANK_MODIFIED	修改过的竞争排名	1	3	3	4	5
RANK_UNIQUE	唯一排名	1	2	3	4	5
RANK_PERCENTILE	百分等级	0	0.5	0.5	0.75	1

4．RUNNING 类

RUNNING 类是返回给定表达式从分区第一行到当前行的运行计算结果。可以用帕累托图的思想来理解，每一次计算其都包含当前行前的所有值。

1）RUNNING_AVG(expression)

返回运行平均值

例如，RUNNING_AVG(SUM([销售额]));

2）RUNNING_SUM(expression)

返回运行总计

例如，RUNNING_SUM(SUM([销售额]));

3）RUNNING_COUNT(expression)

返回运行计数

例如，RUNNING_COUNT(SUM([地区]));

4）RUNNING_MAX(expression)　RUNNING_MIN(expression)

返回运行最大/最小值

例如，RUNNING_MAX (SUM([利润]), RUNNING_MIN (SUM([利润]);

5．WINDOW 类

与 RUNNING 类不同，WINDOW 类返回的是自定义范围（窗口）中的计算结果。这里的窗口范围是自定义开始位置到当前位置。此处可以借助定位类函数来实现窗口的设置。使用 FIRST()+n 和 LAST()−n 表示与分区中第一行或最后一行的偏移，0 代表当前行。如果省略开头和结尾，就使用整个分区。其除了 RUNNNING 类都有的功能，还多了一些统计计算，如方差、协方差等。[FIRST()+1,0]为从第二行到当前行的窗口。

1）WINDOW_COUNT(expression,[start,end])

返回窗口中表达式的计数。

例如，WINDOW_COUNT(COUNT([客户 ID]),FIRST()+1,0);

2）WINDOW_MEDIAN(expression,[start,end])

返回窗口中表达式的中值。

例如，WINDOW_MEDIAN(SUM([销售额]),FIRST()+1,0);

3）WINDOW_VAR(expression,[start,end])

返回窗口中表达式的样本方差。

例如，WINDOW_VAR((SUM([利润])),FIRST()+1,0);

4）WINDOW_SUM(expression,[start,end])

返回窗口中表达式的总计。

例如，WINDOW_SUM(SUM([净利润]),FIRST()+1,0);

本章小结

在本章完成了数据源的连接，认识了 Tableau 维度与度量字段，以及字段的连续与离散。根据字段特征使用行列功能区搭建视图框架，"筛选器"卡聚焦关键数据，"分析"窗格与"标记"卡为视图增强分析提供不同类型的帮助，智能推荐提供多种视图的可能。面对复杂的问题，Tableau 提供一般函数与特殊函数，助力解决多种多样的实际问题。

习题

1．概念题

1）字段的维度与度量，连续与离散，它们在构建视图时的作用是什么，以及它们之间的关系是怎样的？

2）简述 Tableau 的"行""列"行列功能区，与 X 和 Y 轴的对应关系。

3）在"筛选器"卡中提供的筛选器类型有哪些，其中的上下文筛选器有什么特殊之处？

4）Tableau 提供一般函数有哪几类，并举例说明。

5）Tableau 中的特殊函数有哪些，它们是针对什么情况使用的，并举例说明。

2．操作题

1）寻找一个数据源，分别尝试对一个工作表的连接，与多个工作表的连接。并尝试实时与数据提取这两种不同的连接方式。

2）在 Tableau 的数据源中，找到"Sample – Superstore.xls"数据，分析其中字段的含义，然后对其进行数据分析，使用"行""列"功能区搭建框架，"标记"卡进行美化，创建关于 Superstore 的视图，要求至少三个。

第 5 章

Tableau 数据分析

前面章节介绍了 Tableau 的基本界面操作和相关函数调用，以及如何连接到数据源，本章将详细介绍如何使用 Tableau Desktop 对数据源内容进行探索性分析和可视化操作。Tableau 作为现代商业智能市场倍受欢迎的大数据可视化工具，不仅能够制作精美的信息图表，还具有强大的统计分析扩展功能。Tableau 可以轻松地对多源数据进行整合分析而无需任何编码基础，连接数据源后只需用拖放或单击的方式就可以根据需求对数据进行探索性分析和理解，使用户摆脱对开发人员的依赖。Tableau 能够使用已有数据快速构建计算字段，以拖放方式操控参考线和预测结果，以及查看统计概要，令使用者摆脱图表构建器的束缚。与传统的数据分析工具相比，Tableau 能够轻松实现对数值、文本以及图像的内容分析，同时，Tableau 还具有更加适应大数据时代的特色功能——通过连接网络实现海量数据的自动更新，以秒级速度响应百万级数据，通过实时可视化分析实现个人对数据的理解与探索，帮助人们发掘潜藏在数据之下的有效信息。

本章将依次介绍使用 Tableau 对数据进行相关分析、回归分析、时间序列分析等统计分析的方法和步骤，以及如何将 Python 强大的数据计算和分析功能融入 Tableau 中。本章案例数据来源为 Tableau 官方公众号。

5.1 相关分析

现象与现象之间总是存在一定程度的关系，一般来说，变量之间的关系根据其确定性可分为不确定的相关关系和确定的函数关系。相关分析是根据变量之间的相关性，从相关方向、相关程度两个角度研究两个或两个以上处于同等地位的随机变量间的相关关系的统计分析方法。

5.1.1 相关性与相关关系

1. 相关性

相关性是指两个变量间的相互影响程度或相互关联程度。两个变量之间的相关性共有三种可能，即正相关、负相关、不相关。

- 正相关。当一个变量变化时，另一个变量发生同方向改变，即当一个变量增加（减少）时，另一个变量也会增加（减少）。比如当气温上升时，空调耗电量就增加，气温下降时，空调耗电量也会下降，气温和空调耗电量呈正相关。

- 负相关。当一个变量增加（减少）时，另一个变量会减少（增加）。比如当气温上升时，吃火锅的人就会减少，当气温下降时，吃火锅的人就会增加，气温和吃火锅的人数呈负相关。
- 不相关。两个变量之间没有关系，即一个变量的变化对另一个变量无显著影响。

2．相关关系

相关关系是现象之间存在的一种非严格的相互依存关系。判断相关关系的存在，确定相关关系呈现的形态和方向，以及了解相关关系的密切程度的主要方法是绘制相关图表和计算相关系数。

- 相关表。编制相关表前首先要通过实际调查取得一系列成对的标志值资料作为相关分析的原始数据。相关表分为简单相关表和分组相关表，其中分组相关表又包括单变量分组相关表和双变量分组相关表（又称棋盘式相关表）。
- 相关图。是指以自变量为横轴，因变量为纵轴，在直角坐标系第一象限中描绘两个变量相对应值的坐标点，用以表明相关点分布状况的图形，也称为相关散点图。
- 相关系数。是指以两个变量与各自平均值的离差为基础，按积差方法计算，通过两个离差相乘反映两个变量之间的相关程度、确定相关关系的数学表达式，能够确定因变量估计值误差的程度。

相关关系有许多类型，不同类型的相关关系在进行相关分析时，其表现形式也不相同。相关关系的分类如下。

- 按相关程度分类：完全相关、不相关、不完全相关。其中完全相关表示现象之间的相互依存关系是严格的函数关系，可以用回归。
- 按相关方向分类：正相关、负相关。
- 按相关形式分类：线性相关、非线性相关。
- 按变量数量分类：单相关、复相关、偏相关。

5.1.2　散点图

在进行相关分析时，可以通过创建散点图实现两个变量之间关系的可视化。观察散点图或散点图矩阵中数据点的集中程度和异常值情况，判断变量之间的相关关系。

当数据具有相关趋势时，散点图呈橄榄球的形状，相关程度越高，橄榄球形状越趋近于一条直线。正（负）相关时，这条直线从左到右逐渐上升（逐渐下降）；高度相关（相关性不明显）时，直线周围的数据点围绕得更加紧密（疏松）。

【例 5-1】　各行业股票数据分析。

使用"沪深 A 股.xlsx"数据分析各行业股票的涨幅和换手之间的相互关系。步骤如图 5-1 所示。

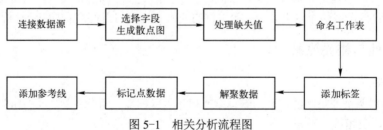

图 5-1　相关分析流程图

1）连接到"沪深 A 股.xlsx"数据。

2）拖拽字段，调整度量。

从度量中将"涨幅"拖放到列功能区→"换手"拖放到行功能区→单击行、列字段胶囊右侧白色三角，选择度量方式为"平均值"→从维度中将"所属行业"拖放到标记卡的"详细信息"上，默认生成散点图，也可通过智能推荐选择散点图，如图 5-2 所示。

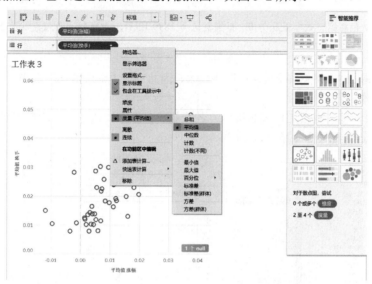

图 5-2　绘制各行业股票涨幅均值与换手率均值散点图

3）处理缺失值。

当字段中包含 NULL 值或对数轴上包含零值或负值，这些值无法被 Tableau 绘制，此时视图右下角显示"1 个 null"，单击弹出如图 5-3 所示对话框，需要对数据中的特殊值进行筛选处理或默认显示处理。

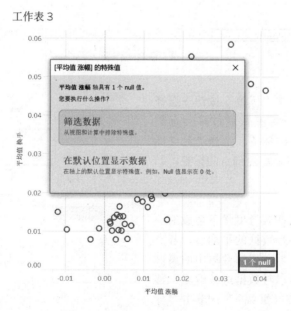

图 5-3　处理特殊值

- 筛选数据：使用筛选器从视图中排除 NULL 值，同时也会从视图使用到的计算中排除 NULL 值。

● 在默认位置显示数据：数据将以默认值显示在数轴上，默认值由数据类型决定，NULL 值仍包含在计算中。

📖 NULL 值默认值规则：数字默认为 0；日期默认为 1899/12/31；对数轴上负值默认为 1；未知地理位置默认为(0,0)。

由于散点图反映相关关系受特殊值影响较大，因此选择"筛选数据"选项。

4）命名工作表。

双击工作表标签，更改工作表名称为"各行业股票涨幅均值与换手率散点图"，散点图上方名称也会自动更改，如图 5-4 所示。

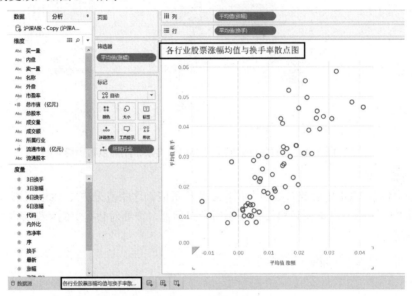

图 5-4 命名工作表

5）添加标签。

在标记选项卡中单击"标签"按钮→选择"显示标记标签"，由于标签数量过多会有重复，图中将显示部分点的标签，选择"允许标签覆盖其他标记"，即可显示全部点的标签，如图 5-5 所示。

6）解聚数据。

以上散点图默认是在聚合度量下生成的，使用的是数据源中的各行数据的平均值，若要查看数据的整个表面区域，了解数据中的离群点以及散点图形状，可以对数据进行解聚。移除筛选器中的"平均值（涨幅）"→单击"分析"菜单，取消勾选"聚合度量"，此时数据源的每一行值都在散点图中显示。具体操作如图 5-6、图 5-7 所示。

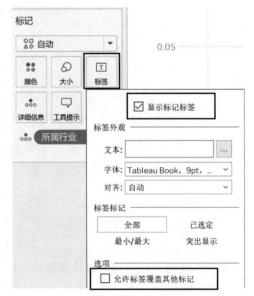

图 5-5 添加标签

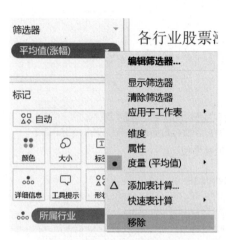

图 5-6　筛选器移除涨幅胶囊

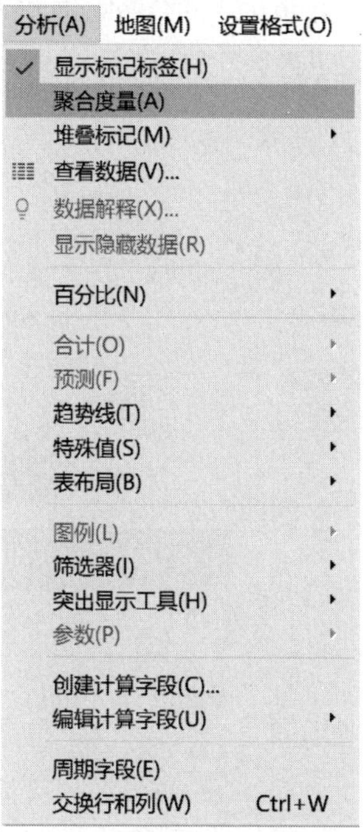

图 5-7　解聚数据

7）标记点数据。

鼠标悬停在图中各点上，将显示该点各所选字段信息。右击该点，可对其添加标记注释、点注释和区域注释。如图 5-8、图 5-9 所示。

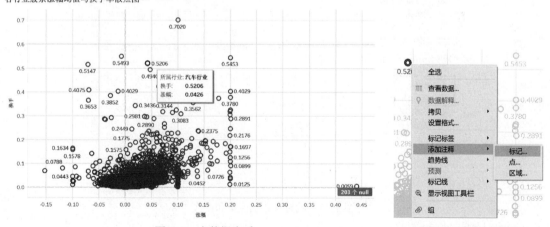

图 5-8　点数据查看

图 5-9　标记点数据

8）添加参考线。

右击横轴（纵轴）→选择"添加参考线"→在弹出的对话框中选择参考线的值和度量方式，并设置参考线格式。同样的方式也可为散点图添加参考区间。此外，也可从左侧"分析"选项卡拖动添加参考线和参考区间。如图 5-10、图 5-11 所示。

各行业股票涨幅均值与换手率散点图

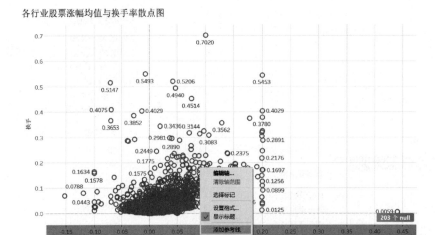

图 5-10　添加参考线

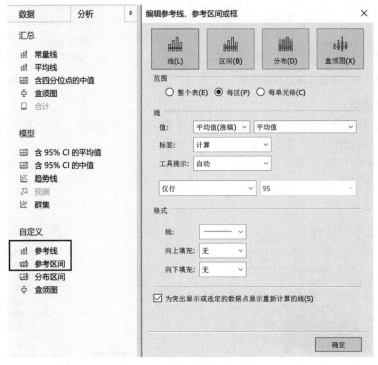

图 5-11　设置参考线度量和格式

5.1.3　散点图矩阵

　　散点图用于研究两个变量之间的相关关系，在研究多个变量之间的关系时，需要对两两变量之间的关系进行演示，此时可以创建散点图矩阵。

　　在普通散点图的基础上添加多个字段，即可生成散点图矩阵。将"市净率""内外比""3 日涨幅""6 日涨幅""涨幅""3 日换手""6 日换手""换手"字段分别拖动到行、列中，生成如图 5-12 所示散点图矩阵。观察可知，"换手"与"市净率""涨幅"之间存在显著的正相关关系。

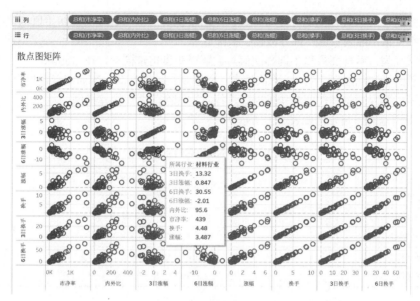

图 5-12　散点图矩阵

将鼠标悬停在散点图矩阵的某一点上，可以显示该点各字段数值信息。矩阵对角线是各变量与自身完全相关的散点图。根据矩阵左下三角或右上三角位置的散点图可观察两两变量之间的大致相互关系。

相关分析是进行回归分析的基础，根据相关分析的可视化结果，选择更适合的回归模型，从而减小因模型选择不当造成的模型误差。

5.2　回归分析

函数关系是现象之间存在的一种严格的相互依存关系，反映了被解释变量对解释变量的依赖关系和依赖程度。当变量之间同时具有相关关系和因果关系时，此时使用回归分析的方法，可以确定变量之间的函数关系。

实际上，回归分析是对可能具有相关关系的变量进行方程拟合，得到的直线或曲线方程即为回归模型的方程。回归分析可以根据解释变量给出的已知值或确定值，分析变量之间的数据特征和规律，估计、预测被解释变量。

回归分析可以分为三个步骤：

1）构建回归模型：根据因变量和自变量的样本值对回归模型参数进行估计，得到回归方程。

2）检验回归模型：对估计的模型参数及回归方程进行显著性检验。

3）利用模型分析结果：使用最终经过检验的回归模型对数据进行分析和预测。

5.2.1　模型选择与构建

对创建的散点图添加趋势线的过程，即构建了变量间的回归模型。Tableau 中提供了线性模型、对数模型、指数模型、多项式模型和幂模型五类趋势线模型，其构建方式有所不同。

- 线性模型：直接使用解释变量和被解释变量的值构建模型。
- 对数模型：对解释变量进行对数转换，用转换后的值与被解释变量初始值构建模型，其中解释变量进行对数转换不能为负值，因此部分数据会被筛选掉。

- 指数模型：对被解释变量进行对数转换，用转换后的值与解释变量初始值构建模型，其中被解释变量不能为负值，部分数据会被筛选掉。
- 多项式模型：解释变量以不同幂次值与被解释变量构建模型，在 Tableau 中，多项式中解释变量的幂次范围为 2 到 8，幂次越高，模型复杂程度越高，容易出现过拟合情况。
- 幂模型：解释变量和被解释变量同时进行对数转换，之后构建模型。

各类模型构建的回归方程如表 5-1 所示。

表 5-1　五种模型相应的回归方程

模型类型	回归方程
线性模型	$Y = b_0 + b_1 + X + e$
对数模型	$Y = b_0 + b_1 + \ln(X) + e$
指数模型	$\ln(Y) = b_0 + b_1 + X + e$
多项式模型	$Y = b_0 + b_1 \cdot X + b_2 \cdot X^2 + \cdots + b_n \cdot X^n + e$
幂模型	$\ln(Y) = b_0 + b_1 + \ln(X) + e$

【例 5-2】 各行业股票数据分析。

使用"沪深 A 股.xlsx"数据，构建各行业股票的涨幅和换手之间的回归模型。使用数据解聚之后的散点图 5-8，取消勾选"显示标记标签"→从"分析"选项卡的"模型"栏选择"趋势线"，鼠标拖动至图中→此时图中出现"添加趋势线"方格，将鼠标移动到"线性"方格上松开，即可为散点图添加线性函数的趋势线，如图 5-13 所示。

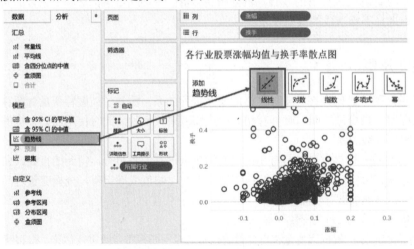

图 5-13　添加趋势线

同样方式还可以添加对数函数、指数函数、多项式函数、幂函数的趋势线。此外，也可通过"分析"菜单下的"趋势线"→"显示所有趋势线"添加，还可直接在图像上右击，勾选"显示趋势线"。至此，模型构建完成。

5.2.2　模型评价

对模型进行评价主要是对模型进行显著性检验。Tableau 软件的便捷之处就在于对数据添加可视化标记的同时，可以直接生成并展示统计分析结果。

将鼠标悬停在趋势线上可以显示添加的趋势线方程、R 平方值、P 值等信息，据此可以初步判断所构建回归模型的显著性和拟合效果。此外，可以添加不同类型的趋势线，通过对比 R 平方值和 P 值，选择拟合效果更好的模型。P 值越趋近于 0，模型越显著；R 平方值代表拟合优度，是处于 0 到 1 之间的数值，R 平方值越大，代表模型拟合效果越好。图 5-14 显示了线性回归模型和指数回归模型的趋势线，其 R 平方值都接近于 0.22，拟合效果不够好。

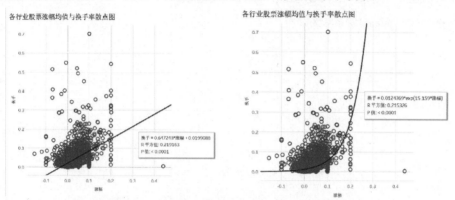

图 5-14　线性回归模型与指数回归模型的趋势线

若要将趋势线方程显示在图中，可通过右击趋势线→选择"描述趋势线"→复制对话框中信息→在图中右击并选择"添加点注释"→将公式粘贴在对话框中，并调整字体格式，单击"确定"按钮完成。如图 5-15、图 5-16 所示，可右击注释设置框、线的格式。

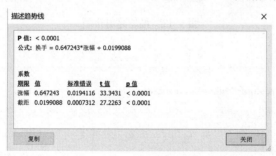

图 5-15　描述趋势线

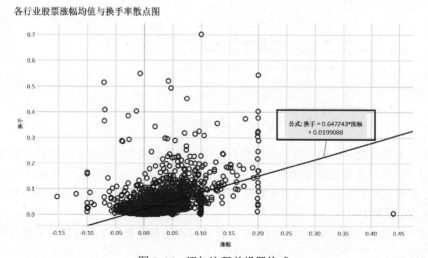

图 5-16　添加注释并设置格式

5.2.3　模型与点数据解释

为进一步观察回归模型的描述统计参数，右击趋势线，单击描述趋势模型。如图 5-17、图 5-18 所示，根据描述统计结果，回归模型在 p<=0.05 时有意义。

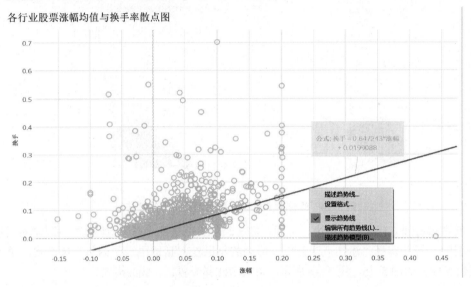

图 5-17　描述趋势模型

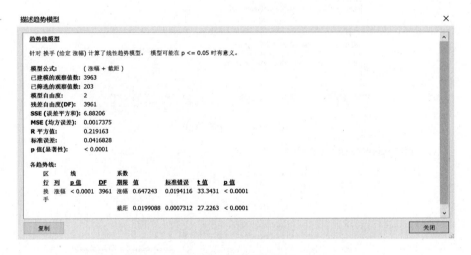

图 5-18　模型描述窗口

将数据进行聚合度量，观察各行业股票的涨幅与换手数据的平均值。此时散点图中分布位置较特殊的点，可通过查看点数据解释，了解其对模型的影响。在"分析"菜单下勾选"聚合度量"→右击要着重观察的点，单击"数据解释"，出现如图 5-19 所示对话框，对点数据的行列字段详细信息进行解释。

根据以上步骤构建回归模型并进行检验，之后可继续对模型信息和检验结果进行数据内容探索分析和预测。

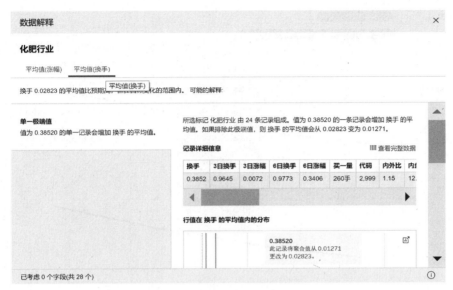

图 5-19　数据解释

5.3　时间序列分析

时间序列分析是以随机过程理论为基础，对时间序列数据所遵循的规律进行探索和分析。进行时间序列分析，可以观察现象在一段时间内的变化情况，同时能够基于历史信息生成对未来数据的预测。

在 Tableau 中，当字段的数据类型为日期或日期和时间时，可以基于指数平滑模型进行时间序列分析，包括趋势性、季节性等模式。Tableau 对时间粒度的设置包括年、季、月、周、天、小时、分钟、秒，可以通过单击字段胶囊旁的"+"进行下钻，分析不同时间粒度下的数据变动趋势，也可以通过创建计算字段执行时间来比较。使用 Tableau 进行时间序列预测的具体步骤分为三步：

1）创建时间序列图。根据历史数据创建数据时间走势图。

2）创建预测模型。根据时间序列图选择预测时间长度、源数据范围、预测模式和计算方式，生成预测结果和预测图。

3）预测模型质量评价。

5.3.1　时间序列图的创建

时间序列图通常以时间为横轴，观测变量的数据为纵轴，展示数据的变化趋势和规律，多以折线图形式呈现，也可使用散点图呈现。

【例 5-3】　全球超市订单数量和利润预测。

使用"全球超市订单.xls"数据，创建各季度商品数量和利润的时间序列图。步骤如下：

1）生成折线图并合并。

将"订购日期"从维度拖到列功能区，"利润""数量"从度量拖拽到行功能区，生成如图 5-20 所示的折线图组合，右击"数量"胶囊→选择"双轴"，将两个折线图合并到一个图中，如图 5-21 所示。

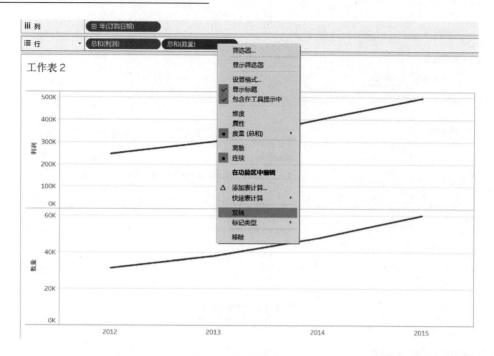

图 5-20 创建折线图组合

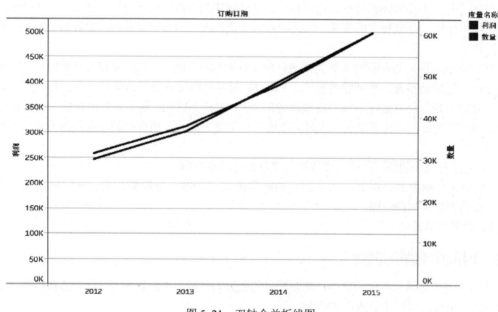

图 5-21 双轴合并折线图

2）时间粒度下钻。

单击"（年）订购日期"胶囊左侧的"+"，列中显示"（季度）订购日期"胶囊，同样的方式可以下钻到"（月）订购日期""（天）订购日期"，在此种下钻方式下，各单位区间的折线图并非是连续的，如图 5-22 所示。右击"（年）订购日期"胶囊→选择"季度（2015 年第 2 季度）"可生成连续折线图，如图 5-23 所示。

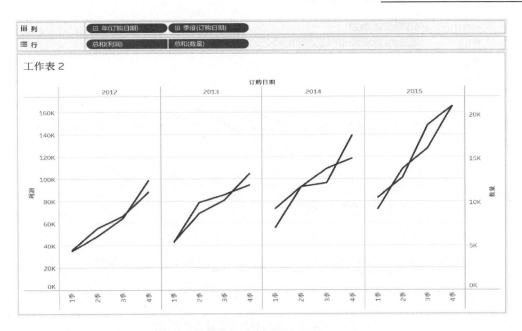

图 5-22　时间粒度下钻

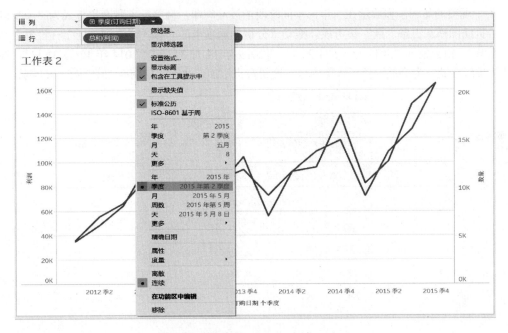

图 5-23　连续折线图

3）不同类别商品时间序列图比较。

将"类别"字段拖入行功能区，观察不同类别商品的销售利润和数量趋势折线图。例如，观察图 5-24 可知，技术类商品的利润整体呈增长趋势，而其数量变化趋势并不明显，可能是由于商品价格上涨或成本降低造成的。

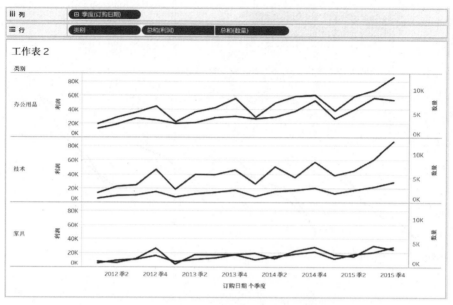

图 5-24 不同类别商品利润与数量趋势折线图

4）添加参考线和点注释。

为了观察商品利润和数量在一年内不同阶段的波动规律，调整行字段度量方式为"平均值"后，给折线图添加三条"区"参考线。拖动"分析"选项卡的"参考线"到"区"→设置参考线为"常量"，值分别为"2012 年 12 月 31 日""2013 年 12 月 31 日""2014 年 12 月 31 日"，线的格式为虚线格式→为商品数量折线图中每年度最高点添加点注释，如图 5-25、图 5-26 所示。

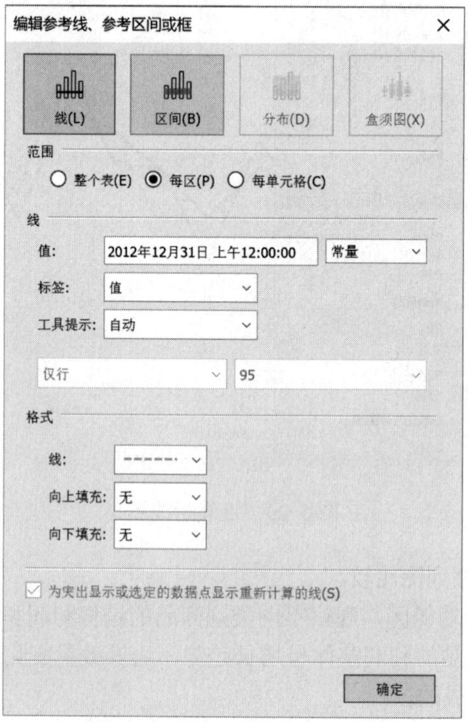

图 5-25 添加"区"参考线

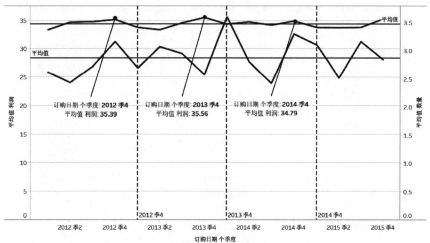

图 5-26　添加点注释

根据时间序列折线图可知，每年的第四季度的商品数量为当年最高值，可知第四季度商品销售情况较好，因此超市可在该季度增加订货量。

5.3.2　预测模型创建

观察创建的时间序列图（见图 5-26），可以发现超市商品的利润平均值与数量平均值大致呈周期性，且与季节相关，因此对利润和数量的平均值进行周期性预测。步骤如下。

1）添加预测模型。

使用 Tableau 进行时间序列分析预测可以通过三种方式实现，如图 5-27～图 5-29 所示。

● 在工作表中右击→"预测"→"显示预测"。

● 将"分析"选项卡中的"预测"拖动到工作表中。

● 单击"分析"菜单→"预测"→"显示预测"。

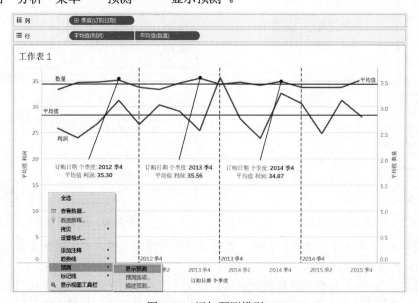

图 5-27　添加预测模型 1

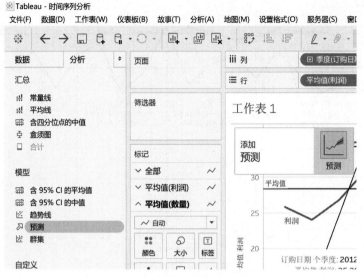

图 5-28 添加预测模型 2

2）预测选项设置。

通过"预测"→"预测选项"设置模型的预测长度、源数据和预测模型等，如图 5-30 所示。

图 5-29 添加预测模型 3

图 5-30 预测模型选项

- 预测长度。Tableau 可根据时间序列数据自动选择预测长度，也可根据需求改变预测精确程度，此处设置为 1 年。
- 源数据。Tableau 将自动选择源数据聚合粒度，用以匹配在创建时间序列图时设置的时间粒度。本例中时间粒度按季度划分，且利润均值呈现显著的周期性，因此自动为源数据选择按季度聚合。由于实际数据中的末尾数据可能并非一个完整的周期，此时可以忽略最后一个周期的数据来构建预测模型，以保证预测结果的可靠性。

- 预测模型。自定义选项下，可选择"按趋势"或"按季节"进行预测。其中，按趋势预测一般用于时间序列数据具有上升或下降等趋势的情况，按季节预测则用于时间序列数据存在周期性规律的情况。不同的预测方式下有"累加"和"累乘"的选项，它们表示多变量的组合影响是各变量独立影响的总和或乘积。一般选择自动选项，让 Tableau 根据时间序列数据自动选择模型预测方式。
- 置信区间。可选择 90%、95%、99%，一般默认为 95%。

📖　在 Tableau 中进行时间序列趋势预测至少需要 5 个数据点才能实现，进行季节性预测至少需要 2 个季节或 1 个季节+5 个周期的数据点才能实现。当进行预测的数据点数量少于最小值时，Tableau 会通过查询数据源获得足够数量的数据点进行预测。

5.3.3　模型评估

生成的商品数量和利润预测模型如图 5-31 所示，浅色区域即为预测区间。其中，浅蓝色和浅橙色区域是在 95%的置信区间下的预测值所在范围，当置信区间设置为 90%时，该范围的上、下界距离将缩小，预测值范围缩减；反之，当置信区间设置为 99%时，上、下界距离将扩大，预测值范围增大。对比商品数量预测值和利润预测值，数量预测值的范围远小于利润预测值，说明商品数量的预测效果更好。

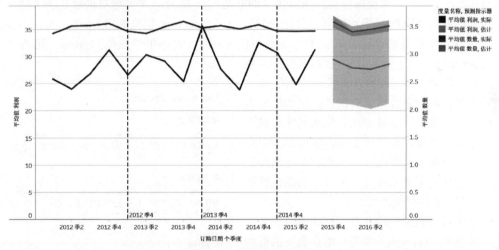

图 5-31　预测模型可视化

为查看并评估调整后的预测模型参数，通过"预测"→"描述预测"实现。描述预测窗口包括"摘要"选项卡和"模型"选项卡。其中，"摘要"选项卡展示了预测模型的相关选项和模型的预测结果，可以用百分比形式显示数值。

如图 5-32 所示，在预测数量平均值时，初始值表示预测的第一个季度的商品数量和范围，商品数量预测值在 3%范围内浮动，而利润预测值在 27.3%范围内浮动；从初始值更改表示预测区间末端值与初始值的差距，季节影响表示按照季节进行预测对预测模型的影响，其中商品数量预测模型受季节影响为 28%到 29.4%；模型质量共有"差""确定""好"三种评价，评价标准体现了当前预测模型与自然预测相比，其预测效果的好坏，此处评价为"确定"。

📖 自然预测是指预测的下一周期的数值与当前周期的数值相同。

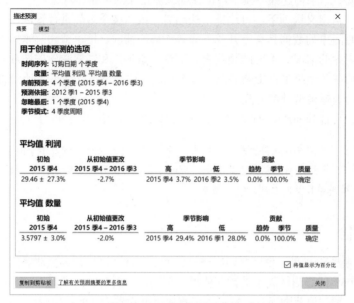

图 5-32 预测模型描述摘要

"模型"选项卡展示了预测模型的质量指标和平滑系数，是描述模型质量的统计指标，如图 5-33 所示。其中，质量指标包括 RMSE（均方误差）、MAE（平均绝对误差）、MASE（平均绝对标度误差）、MAPE（平均绝对百分比误差）、AIC（Akaike 信息准则），单击窗口下方的链接，可查看各个参数的计算公式。平滑系数包括 Alpha（级别平滑系数）、Beta（趋势平滑系数）、Gamma（季节平滑系数），根据时间序列数据的级别、趋势或季节组件的演变速率对平滑系数进行优化，增大新数据值的权重，可实现样本数据向前一步预测误差最小化。当数据序列较平稳时，选择的平滑系数接近于 0，实现逐渐组件变化，对于新数据依赖性较小；当数据序列波动较大时，选择的平滑系数接近于 1，实现快速组件变化，对于新数据依赖性较大。

本例中商品数量变动具有一定的季节趋势，在预测模型中，Gamma（季节平滑系数）的值为 0.053，Alpha（级别平滑系数）和 Beta（趋势平滑系数）都趋于 0。

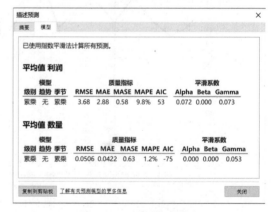

图 5-33 预测模型评估

5.4 聚类分析

聚类分析，在 Tableau 中又称为群集分析，是通过计算观测变量与聚类中心之间的距离来对变量或样本分组的数据分析方法。通过迭代分组过程，使组内节点数据相似度极高，组间节点数据差异极大。聚类分析不需要预先给出各分组的定义，属于无监督的机器学习算法，是探索性分析大数据的经典方法。

聚类分析分为 R 型和 Q 型两种。其中，R 型聚类是对变量分类，可以了解单个变量或各组变量之间的相似程度，根据聚类结果和变量间关系，选择主要变量进行 Q 型聚类；Q 型聚类是根据多个变量的信息对样本分类，使性质相近的样本分在同一组，性质差异较大的样本分在不同组，从而获得直观的数值分类结果。

常用的聚类分析算法有 K 均值聚类（K-means clustering）、分层聚类（Hierarchical clustering）、K 中心点聚类（K-medoids clustering）、基于密度聚类、最大最小距离聚类等。Tableau 中使用 K 均值聚类算法实现聚类分析。

5.4.1　K 均值聚类原理

K 均值聚类算法以迭代方式为事先指定的 k 个群集标记新质心，质心通过计算各群集的均值向量得到，直到质心位置不再变化时完成聚类。

1．点间距离

聚类分析是根据节点间相似性进行分类的，而距离是度量节点间相似性的常用指标，因此使用聚类分析算法首先要了解不同的距离定义，常用的距离定义如下：

- 欧氏距离：$d_{12} = \sqrt{(x_1 - x_2)^2 + (y_1 - y_2)^2}$
- 曼哈顿距离：$d_{12} = |x_1 - x_2| + |y_1 - y_2|$
- 切比雪夫距离：$d_{12} = \max(|x_1 - x_2|, |y_1 - y_2|)$
- 余弦距离：$\cos\theta = \dfrac{x_1 x_2 + y_1 y_2}{\sqrt{x_1^2 + y_1^2} \cdot \sqrt{x_2^2 + y_2^2}}$
- 相关系数：$\rho_{XY} = \dfrac{\text{cov}(X, Y)}{\sqrt{D(X)} \cdot \sqrt{D(Y)}} = \dfrac{E[(X - EX)(Y - EY)]}{\sqrt{D(X)} \cdot \sqrt{D(Y)}}$

Tableau 中的 K 均值聚类算法使用了平方欧氏距离，结合 Lloyd 算法计算每个群集的 K 均值。

对分类字段进行聚类时，Tableau 使用多元对应分析（Multiple correspondence analysis，MCA）将类别转换为数值距离进行计算，每个分类字段最多设置 25 个群集，当分类字段的唯一类别超过 25 个时，Tableau 在计算群集数量时将忽略该字段。

2．算法流程

了解了 K 均值聚类适用的距离定义，下面介绍聚类算法的具体流程：

1）确定一个 k 值作为群集数量。

2）从数据集中随机选择 k 个数据点作为质心。

3）计算全部数据点与 k 个质心的距离（如欧式距离等），将数据点划分至与其距离最近的质心所属群集。

4）根据划分结果重新计算 k 个群集的质心。

5）重复 3）和 4），直至质心的位置收敛，数据集聚类完成。

3．k 值的确定

k 值代表了群集的数量，会影响到最终的聚类效果。在 Tableau 中，可以根据需求指定 k 值，也可使用 Calinski-Harabasz 标准对不同 k 值进行测试，选择最佳群集数。Calinski-Harabasz 标准为

$$\frac{SS_B}{SS_W} \times \frac{(N - k)}{(k - 1)}$$

其中，SS_B 表示群集间总方差，SS_W 表示群集内总方差，N 表示迭代次数。当该标准的计算值越大时，群集间方差越大，各群集离散性越强；群集内方差越小，群集内紧凑性越强，表示群集数量设置越合理。Tableau 寻找 Calinski-Harabasz 标准的最大值。

📖 在 Calinski-Harabasz 标准中 k=1 无定义，因此无法评估 1 个群集的质量。

在用户未指定 k 值的情况下，Tableau 会根据 Calinski-Harabasz 标准的第一个局部最大值对应的 k 值自动选择群集数。默认情况下，若未能寻找到局部最大值，则最多为 25 个群集运行 K 均值聚类算法，用户可设置最大值为 50 个群集。

5.4.2 群集创建与分析

了解了 Tableau 背后的聚类原理，下面以欧盟成员国地区居民出境游状况分析为例，介绍如何使用 Tableau 进行聚类分析，发现数据聚集的情况。

【例 5-4】 欧盟成员国地区居民出境游状况分析。

当下，出境游为全球旅游业创造了巨大的利润，现根据"世界发展指标"中的数据对欧盟成员国地区居民的出境游情况进行探讨，分析影响旅客出境旅游的相关因素。

1）连接"世界发展指标"示例数据源。

2）创建"欧盟成员国"集。

右击"数据"窗格中的"国家/地区"字段，选择"创建"→"集"→"名称"修改为"欧盟成员国"→在搜索栏输入 27 个成员国名称并勾选→单击"确定"按钮，如图 5-34、图 5-35 所示。创建的集出现在"数据"窗格中。需要修改集的内容时，右击"数据"窗格中的数据集→选择"编辑集"即可实现。

图 5-34　创建集 1

图 5-35　创建集 2

3）创建地图。

将"欧盟成员国"集拖动到"筛选器"中，双击"数据"窗格中的"国家/地区"字段，创建地图视图，如图 5-36 所示。

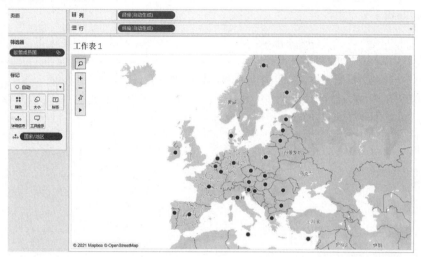

图 5-36 创建地图视图

4）填充式地图。

在"标记"选项卡中选择标记类型为"地图"，获得纯色填充地图，便于后续的聚类分析结果的观察，如图 5-37 所示。

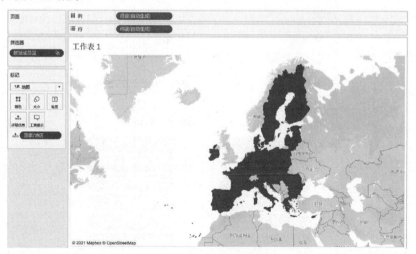

图 5-37 纯色填充地图

5）选择聚类字段。

根据分析目标，选择可能影响分析目标的字段作为群集。这一过程需要在反复实验中不断修正选择的情况，不要求一次性达到好的聚类效果。暂时选择以下字段作为群集变量：

● 城市人口：一般情况下，城市人口密度高于乡村人口密度，它代表了一个国家人口的密集程度，城市人口密度越大，商机越大。

● 人口 65+：65 岁以上老年人具有充沛的资金和充足的时间，同时对旅行舒适度要求更高，选择的旅游产品档次会更高。

- 女性预期寿命/男性预期寿命：寿命越长，65 岁以上人群数量越多，对老年人旅游更感兴趣。
- 人均境外旅游支出：人均境外旅游支出体现了一个国家/地区的人们在旅游方面的消费意愿和水平。该字段由"出境旅游"和"人口总数"字段计算创建，如图 5-38、图 5-39 所示。

图 5-38　创建计算字段　　　　　　　　　　图 5-39　编辑公式

　　将所选字段从"数据"窗格拖动至"标记"选项卡中的"详细信息"→右击胶囊，将度量方式由"总和"修改为"平均值"，如图 5-40 所示。

图 5-40　修改度量方式

　　6）创建群集模型。

　　添加字段完成后，创建群集模型进行聚类。从"分析"窗格中将"群集"拖动至工作表中的方格处，如图 5-41 所示，Tableau 会自动弹出如图 5-42 所示的"群集"窗口，此时选择用于创建群集的变量，并指定群集数量，群集数也可由 Tableau 自动设置。"群集"窗口也可通过右击标记"选项卡中的"群集"→选择"编辑群集"弹出。

图 5-41　创建群集模型

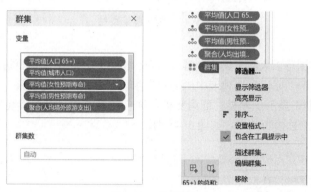

图 5-42　编辑群集

当群集数为 2 时（本例中为"自动"），工作表视图如图 5-43 所示。"群集"被添加到"标记"卡的颜色栏，地图由两种颜色填充，分别代表不同的群集。

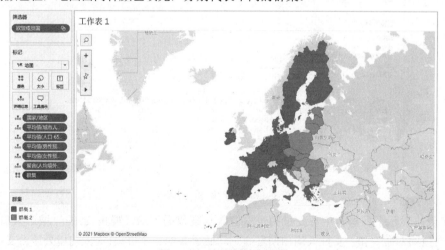

图 5-43　按颜色标记群集

当群集数为 2 时，每个群集中国家/地区的数量较多，而群集数量少，无法多方面对比各指标的效果，此时可以增加群集数量，减少各群集内的样本数量。当群集数为 4 时，其中一个群集只有一个成员，因此设置为 3 个群集。如图 5-44 所示。此时地图由 3 种颜色填充，相同颜色的国家/地区的群集样本的相似度更高。

图 5-44　调整群集数量

7）描述群集。

根据颜色填充地图可以大致了解不同群集所包含的区域，接下来需要进一步对群集模型的数据进行解读分析。右击"标记"选项卡中"群集"字段→选择"描述群集"→弹出"描述群集"窗口，"摘要"选项卡中显示了聚类的群集变量名称、度量方式、详细级别等内容，还显示了 K 均值聚类计算结果的汇总诊断数据，如图 5-45 所示。

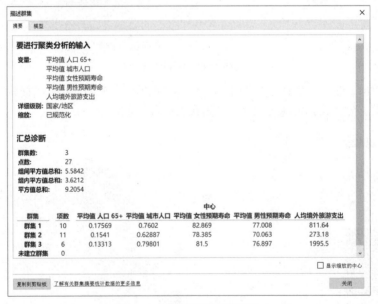

图 5-45　描述聚类计算结果

底部表格显示了各群集中各变量的平均值。观察数据可知，群集 2 的"城市人口平均值""男性人均预期寿命"和"女性人均预期寿命"均低于其他三个群集，"人均境外旅游支出"更是远低于其他群集，说明该群集内的国家/地区的人口密度小，人们寿命较短，在境外旅游方面支出也很高，由此可推测人口数量和人均寿命对人们的旅游状况影响很大，但老年人的数量对其影响不显著。此外，数据还反映了在群集 3 中的国家/地区的人们对旅游的需求更大，支出更多，旅游业在这些地区能够有更多商机。

"模型"选项卡中展示了聚类结果的方差分析数据,根据 p 值和 F-统计数据也可进一步验证上面的推测结果,如图 5-46 所示。

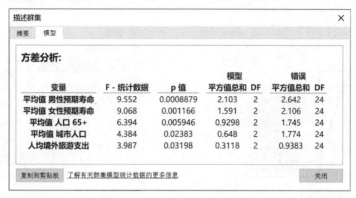

图 5-46 聚类结果方差分析

8）查看群集成员。

确定了群集 3 是旅游业发展的最佳选择,查看其中包含的国家/地区,为旅游公司的战略部署提供决策支持。在图例中单击"群集 3"→选择"只保留",工作表中将只显示群集 3 的地图颜色,在"智能显示"中选择"文本表",即可看到群集 3 中国家/地区的名称,如图 5-47、图 5-48 所示。

图 5-47 保留目标群集

图 5-48 查看群集成员

通过创建群集进行聚类分析,Tableau 能够轻松发现海量数据之间的相似性和差异性,理清数据的复杂形势,让数据空间秩序井然。

5.4.3 群集与组

群集生成后,可以通过创建组保存当前的聚类结果,所创建的组将成为 Tableau 数据源的一部分,可用于该工作簿中的其他工作表。当群集或组各自发生变化时,不会互相影响。

1. 利用群集创建组

从"标记"选项卡中将"群集"拖拽到"数据"窗格中,在"维度"中将出现以"国家/地区（群集）"命名的组,如图 5-49 所示,组创建完成。

📖 无法利用群集创建组的情况:

1）"度量名称"或"度量值"被添加到工作表中。

2）用于创建组的群集位于"筛选器"中。

3）未对变量进行"聚合度量"。

4）视图中的度量变量与群集中度量变量不同。

5）视图中存在混合维度。

2．编辑群集组

为便于在其他分析中使用创建的组，需要对组的相关信息进行编辑。右击"数据"窗格中的"国家/地区（群集）"→选择"编辑组"，弹出"编辑组"窗口，如图 5-50 所示。

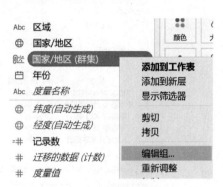

图 5-49　利用群集创建组　　　　　　　　　　　　图 5-50　编辑组的信息

在"编辑组"窗口中，可以查看组中各群集的成员名称，当成员数量较多时，可通过"查找"按钮快速定位到成员所在群集位置，右击成员名称可手动调整成员所在群集。为明确组的内容和各群集特征以便后续使用，需要为组和群集重新命名。在"字段名称"后输入新的组名即可重命名该组；选择需要重命名的群集，并单击"重命名"按钮即可重命名该群集，如图 5-51 所示。

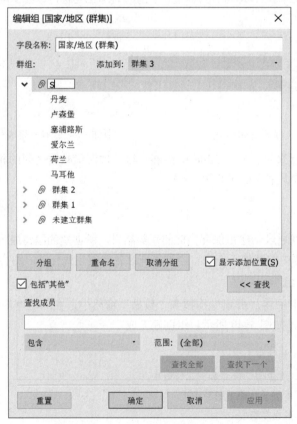

图 5-51　查找组成员及重命名组

3．重新调整组

当用于创建组的群集计算结果发生变化时，组的属性不会随之改变。若想同时改变组的属性，可右击"数据"窗格中的组→选择"重新调整"→在弹出的窗口中单击"是"按钮，即可更新组的属性，如图 5-52 所示。

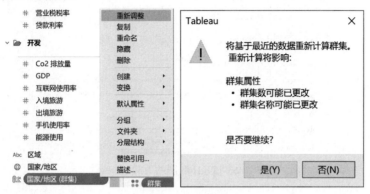

图 5-52　重新调整组

5.5　Tableau 与 Python

Python 是一种跨平台计算机程序设计语言，结合了解释性、编译性、互动性和面向对象等特点，具有强大的数据处理和分析以及机器学习功能。将 Tableau 与 Python 集成使用，可以快速开发高级应用程序，获得更好的数据分析效果。在 Tableau 中使用 Python 的方式主要有两种：一是用 Tableau 向 tabpy_server 发送 Python 脚本；二是将 Python 脚本部署在 tabpy_server 上，这些需要依靠 TabPy 框架来实现。

5.5.1　TabPy 简介

TabPy 框架允许 Tableau 的计算字段中嵌入 Python 代码并远程执行。它是一个基于 Tornado 和其他 Python 库的 Python 进程，将计算字段嵌入的代码传输到后台，后台通过调用第三方库（如机器学习相关库等）完成计算，之后将结果再放回到前端展示。所以 TabPy 由两个主要组件构成：

- tabpy_server：运行 REST API 传回的 Python 代码，执行完毕后，再传回前端。
- tabpy_client：基于 Python 函数的工具库。

5.5.2　TabPy 下载与安装

TabPy 可通过 GitHub 网站、Anaconda 环境、Python 环境三种方式下载并安装。

1．GitHub 网站下载

登录 https://github.com/tableau/TabPy 网站，下载压缩文件，如图 5-53 所示。文件夹解压缩后，Windows 用户运行 setup.bat 进行安装，Linux 用户运行 setup.sh 进行安装。

2．Anaconda 环境

打开 Anaconda，在 Environments 中搜索 tabpy，安装 tabpy_client 和 tabpy_server 两个组件，安装完成如图 5-54 所示。

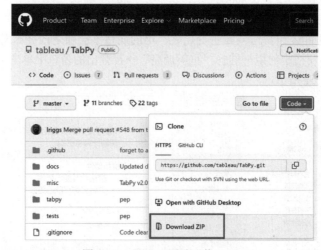

图 5-53　GitHub 网站下载 TabPy

图 5-54　Anaconda 环境安装 TabPy

3．Python 环境

在 Python 中运行如下代码安装 tabpy_client 和 tabpy_server：

```
pip install tabpy_server
pip install tabpy_client
```

📖 在 Python 环境下安装时，如果提示 ReadTimeoutError，则需要在安装时设置延迟等待时间，调整运行代码如下：

```
pip –default-timeout=100 install tabpy_server
pip –default-timeout=100 install tabpy_client
```

5.5.3　启动 TabPy

启动 TabPy 即打开 TabPy 服务器，将 tabpy_server 部署在计算机上，可通过两种方式实现。

1．在安装目录内运行

找到 tabpy_server 的安装目录（参考 Anaconda 的安装目录），Windows 系统用户运行 startup.bat，Linux 系统用户运行 startup.sh，即可启动 TabPy 服务器，如图 5-55 所示。

📖 如果使用 TabPy 服务器频率较高，可将 startup 文件建立桌面快捷方式。

图 5-55　在安装目录内运行 startup 文件

2．在命令提示符（cmd）中启动

在 cmd 中启动 TabPy 服务器运行如下代码：

```
tabpy
```

如图 5-56 所示为 TabPy 启动后 cmd 提供的运行信息，其中 port 9004 为 Tableau 连接服务器的默认端口。

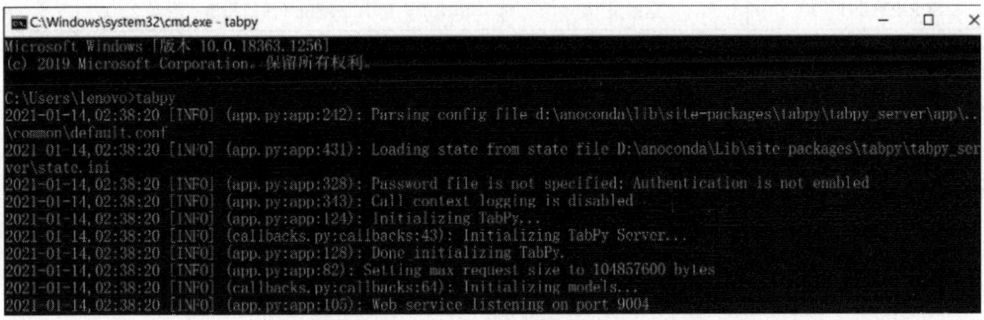

图 5-56　在 cmd 中启动 TabPy

5.5.4　Tableau Desktop 配置

在 Tableau 家族中使用最普遍的是 Tableau Desktop，因此本节只介绍如何配置 Tableau Desktop 以连接到 TabPy。打开 Tableau Desktop，选择"帮助"→"设置和性能"→"管理外部服务"，弹出"外部服务连接"对话框，如图 5-57 所示，选择外部服务"TabPy/External API"，指定服务器名称为"localhost"，输入默认端口 9004→单击"测试连接"按钮，弹出提示"成功连接到外部服务"→单击"确定"按钮，Tableau 配置完成。

图 5-57　Tableau 连接外部服务器

5.5.5　Tableau 与 Python 集成应用

Tableau 与 Python 集成应用就是将 Python 脚本嵌入到 Tableau 的计算中。Tableau 将要进行的计算传递给 TabPy 服务器，可以通过 4 个表计算函数实现，分别是 SCRIPT_BOOL、SCRIPT_INT、SCRIPT_REAL、SCRIPT_STR，其功能如表 5-2 所示。由于这些函数都是表计算函数，因此所有字段都需要为聚合状态，如 SUM()、MIN()、ATTR()等。

📖 在 Python 代码部分必须有返回值，返回类型由调用函数决定。

表 5-2　表计算函数功能及运算格式

函数名称	功能	运算格式
SCRIPT_BOOL	返回布尔型	SCRIPT_BOOL("python 代码",参数 1,参数 2...)
SCRIPT_INT	返回整型	SCRIPT_INT("python 代码",参数 1,参数 2....)
SCRIPT_REAL	返回实数	SCRIPT_REAL("python 代码",参数 1,参数 2...)
SCRIPT_STR	返回字符串	SCRIPT_STR("python 代码",参数 1,参数 2....)

将 Python 脚本嵌入 Tableau 可以通过两种方式实现，一是用 Tableau 向 tabpy_server 发送 Python 脚本，二是在 tabpy_server 上部署 Python 脚本。

📖 Python 代码中，所有传递的参数都用_arg#表示，例如有两个参数时，就用_arg1，_arg2，与后面的参数 1，参数 2 相对应。

1．用 Tableau 向 tabpy_server 发送 Python 脚本

【例 5-5】　中国陕西省有效订单量分布。

使用"示例-超市.xls"数据源，步骤如下：

1）创建计算字段。

单击"分析"菜单→"创建计算字段"，创建的计算公式依据为：有效订单量=订单数量-退货量，具体内容如图 5-58 所示。

图 5-58　Tableau 向服务器发送脚本

2）运算结果。

将"省/自治区"拖入筛选器中，选择"陕西省"，将"省/自治区"和"有效订单量"拖拽到"标记"选项卡，标记类型设置为"地图"，工作表中生成陕西省地图。将"省/自治区"和"有效订单量"拖拽到"标记"选项卡的"标签"栏，地图中显示陕西省的有效订单量。将"城市"添加到新的标记层，以"颜色"为标记，并将"有效订单量"拖拽到"标记"选项卡的"大小"栏和"标签"栏，通过圆圈大小反映各城市有效订单量情况，如图 5-59 所示。

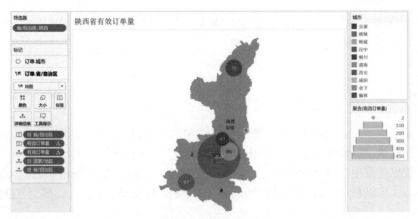

图 5-59　陕西省有效订单量分布情况

2．在 tabpy_server 上部署 Python 脚本

上述方法适用于运行简单的 Python 函数，如果函数较复杂或需要重复使用，可直接将函数部署在 TabPy 服务器上，随时可以调用。步骤如下：

1）打开 Jupyter-notebook 或 Pycharm 设计一个函数，例如：

```python
import tabpy_client
import numpy as np
def add(a,b):
    return np.add(np.array(a),np.array(b)).tolist()
client=tabpy_client.Client('http://localhost:9004')
client.deploy(name='add',obj=add,override=True)
```

2）试运行函数结果如图 5-60 所示。

```
[3]: client.query('add',[1,2,3,4],[4,5,6,7])['response']

[3]: [5, 7, 9, 11]
```

图 5-60　Jupyter 设计函数试运行

3）在 Tableau 中创建字段，调用 tabpy_server 上已部署的函数脚本，如图 5-61 所示。

图 5-61　Tableau 内调用服务器脚本

📖 数据源中"数量"不是聚合状态，因此要对"数量"添加聚合函数 SUM()；"退货量"已经是聚合状态，不需使用聚合函数。

本章小结

本章介绍了使用 Tableau 进行数据统计分析的相关功能和操作步骤。配合 Tableau 的可视化功能，借助散点图、折线图等形式对数据进行相关分析、回归分析、时间序列分析、聚类分析，帮助人们从数据中发现契机、寻找规律、获得决策支持。此外，借助 TabPy 将 Tableau 连接到 Python 服务器，可以在 Tableau 中使用 Python 脚本，融入机器学习功能，完成更复杂的数据分析业务。

习题

1. 概念题

1）变量之间的相关关系和函数关系有什么区别？相关分析与回归分析之间的关系是怎样的？

2）当存在线性相关关系时，Tableau 生成的散点图形状有何特点？

3）使用 Tableau 进行回归分析时，如何选择适合的回归模型？

4）影响 Tableau 时间序列预测效果的因素有哪些，它们是如何影响的？

5）如何利用 TabPy 在 Tableau 中使用 Python 脚本？

2. 操作题

1）从"示例-超市.xls"数据源中选取字段，设计一个回归分析模型和一个时间序列分析模型，并对模型质量进行评价。

2）尝试下载安装 TabPy，在计算机上部署 TabPy 环境，使 Tableau 连接上 TabPy 服务器。

第 6 章
Tableau Desktop 基础图表

经过前面几章基础知识的介绍，下面进入 Tableau Desktop 的实际操作阶段。本章主要介绍 Tableau Desktop 智能推荐里的基础视图，例如：条形图、折线图、压力图等；还有一些在基本视图上的简单变形：词云图、环形图、复合图等；除此之外，还有数据混合的四种方式：编辑关系、数据联接、新建并集、数据混合。

创建视图之前，首先要明确目标，究竟是要创建什么样的视图；其次要观察数据源，将数据源进行预处理；然后转到工作表页面，在工作区画布中使用合适的维度和度量、根据需求创建参数、计算字段等；最后检查数据是否符合现实，调整标记卡的颜色、大小等，将视图变得更加生动、获取可视化内容更加容易方便。

本章案例创建的视图基于"夏奥会和冬奥会奖牌榜""历届夏奥会和冬奥会举办国家以及举办城市"两个数据源，其中夏季奥运会截至 2020 年，冬季奥运会截至 2018 年，对两个数据源的详细说明分别在对应的案例中。数据来源于公开数据。

6.1 条形图

条形图是常见的几个基本统计图之一。通过创建条形图，可以快速观察出数据的大小以及数据之间的差别。创建条形图时，将需要的维度与度量分别拖向"列"和"行"功能区。如果 Tableau Desktop 在画布上自动生成的是折线图，可以通过修改"标记卡"或者使用"智能推荐"来修改其形状为"条形"。

> 📖 "夏奥会和冬奥会奖牌榜"数据源中只有一张工作表：包含历届各个国家及地区夏奥会和冬奥会奖牌榜数据，其中有年份、国家（或地区）、类别、金牌数、银牌数、铜牌数六个字段。

【例 6-1】 创建"瑞典历届夏季奥运会金牌数条形图"。

新建一张工作簿，连接"夏奥会和冬奥会奖牌榜"数据源，如图 6-1 所示。在"数据源"页面可以清楚了解到数据源包含几张工作表、工作表所包含的字段及其类型，以及部分数据概览。通过浏览部分数据，使用"筛选器"来创建"瑞典历届夏季奥运会金牌数条形图"。其主要过程是对"国家（或地区）"和"类别"两个数据胶囊筛选出"瑞典"和"夏奥"，再利用筛选过后的胶囊来创建工作表。

图 6-1　数据源概览

单击 Tableau 左下角"工作表 1"，转到工作表页面；将鼠标光标置于"工作表 1"上，鼠标左键双击两次或者使用鼠标右键选择，对"工作表 1"进行重命名，将其改为"瑞典历届夏季奥运会金牌数条形图"，如图 6-2 所示。

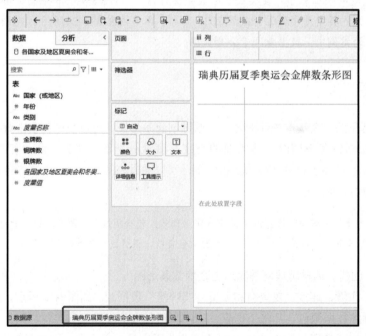

图 6-2　工作表页面

如图 6-3 所示，鼠标左键选择"国家（或地区）"胶囊，将其拖向"筛选器"，Tableau 会自动弹出"筛选器"页面；在新弹出的页面中，选择"瑞典"→单击"确定"按钮。

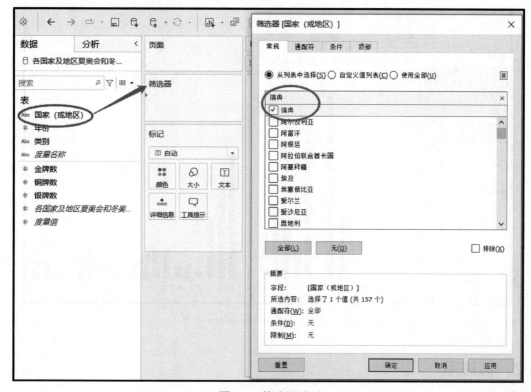

图 6-3　筛选器页面

同理，将"类别"胶囊拖向"筛选器"→选择"夏奥"→将"年份"胶囊拖向"列"功能区→将"金牌数"拖向"行"功能区，如图 6-4 所示。

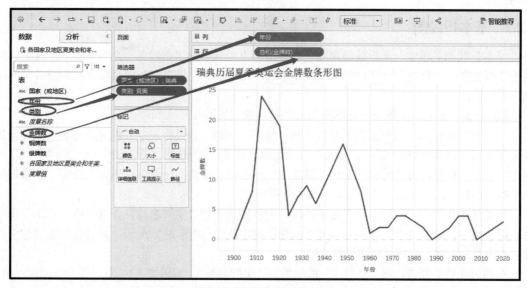

图 6-4　使用胶囊创建工作表

此时，在 Tableau 画布中自动生成的是折线图，单击"标记卡"中的"▼"按钮，将其改为"条形图"。"瑞典历届夏季奥运会金牌数条形图"如图 6-5 所示。

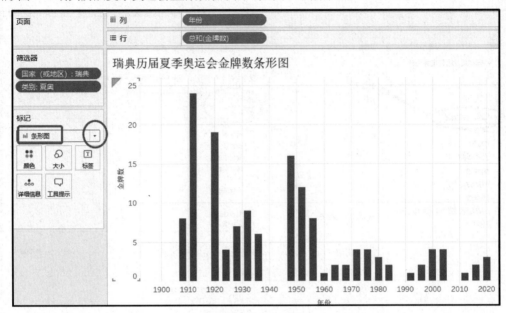

图 6-5　条形图成品

6.2　折线图

折线图可以明显显示事物在一个连续的时间间隔或者时间跨度上的走势；同样通过折线图的递增、递减、峰值等，可以对比不同维度之间的走势。下面介绍基本折线图、双轴折线图和多轴折线图。

6.2.1　基本折线图

基本折线图是包含一条折线的视图。一般情况下，基本折线图包含一个维度和一个度量：维度的数据类型是"日期""日期和时间"。基本折线图显示"度量"在一段连续时间段或者时间跨度内的趋势。

【例 6-2】　创建"英国历届夏季奥运会奖牌总数折线图"。

在工作簿中选择工作表页面下方的"🔲"按钮，新建一张工作表，并将其重命名为"英国历届夏季奥运会奖牌总数折线图"。首先，将"国家（或地区）"拖向"筛选器"→选择"英国"→单击"确定"按钮；将"类别"拖向"筛选器"→选择"夏奥"→单击"确定"按钮；将数据窗格中的"年份"拖向"列"功能区，如图 6-6 所示。

因为数据中没有"奖牌总数"这个字段，所以需要创建"奖牌总数"计算字段。在工作表左边数据窗格中，单击"▼"按钮→选择"创建计算字段"，如图 6-7 所示；或者在数据窗格空白处，单击鼠标右键，选择"创建计算字段"。

在新弹出的页面内，将"计算 1"重命名为"奖牌总数"，编辑如下公式：

$$[金牌数]+[银牌数]+[铜牌数]$$

📖 当左下方显示计算有效时，说明编辑正确；否则会在左下方显示"计算公式错误"，将光标移动到其上，将会展示错误原因。

单击"确定"按钮，如图 6-8 所示。

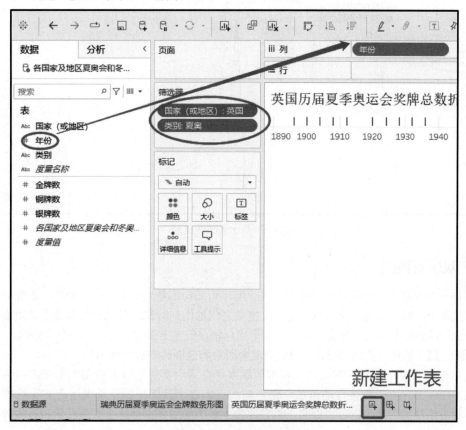

图 6-6　创建基本折线图

图 6-7　创建计算字段

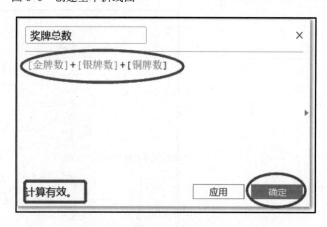

图 6-8　输入公式

创建计算字段之后，会在数据窗格的度量中显示。将创建好的"奖牌总数"拖向"行"功能区。"英国历届夏季奥运会奖牌总数折线图"成品如图 6-9 所示。

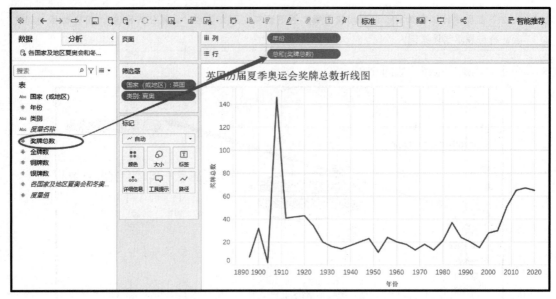

图 6-9　基本折线图成品

6.2.2　双轴折线图

双轴折线图是包含两条折线的视图，其在基本折线图的基础上增加一个度量，不仅可以实现一个度量本身的纵向对比，也可以实现两个度量之间的横向对比。双轴折线图是在共用横坐标轴的基础上，同步纵坐标轴，使得视图中的两个坐标轴在形式上变成共同使用一个坐标轴。

【**例 6-3**】　创建"英国历届夏季奥运会奖牌总数和金牌数双轴折线图"。

在工作簿下方，鼠标右键选择"英国历届夏季奥运会奖牌总数折线图"工作表，选择"复制"，Tableau Desktop 将会自动添加一张复制的工作表"英国历届夏季奥运会奖牌总数折线图（2）"，对新添加的工作表进行重命名，将其改为"英国历届夏季奥运会奖牌总数和金牌数双轴折线图"，如图 6-10 所示。

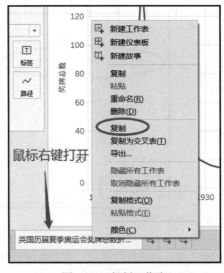

图 6-10　复制工作表

将"金牌数"拖向"行"功能区，Tableau 会在画布中自动分成上下分布的两条折线，并且标记卡包含三张："全部""奖牌总数""金牌数"；其中"全部"标记卡作用于整个画布，而另外两张标记卡各自作用于对应的折线，如图 6-11 所示。

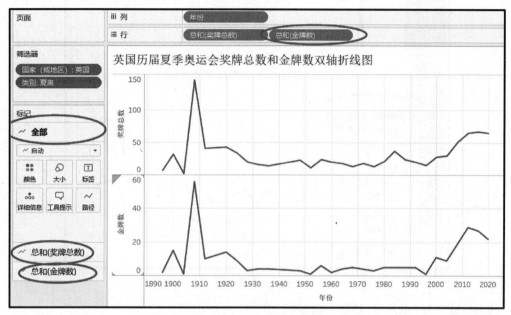

图 6-11　创建双轴折线图

鼠标右键选择"行"功能区中的"金牌数"胶囊，在菜单中选择"双轴"。Tableau 将上下分布的两个视图合并为共用同一个横坐标轴的视图，两个纵坐标轴的轴长不同。在右方坐标轴上，单击鼠标右键，选择"同步轴"→取消选择的"显示标题"，如图 6-12 所示。

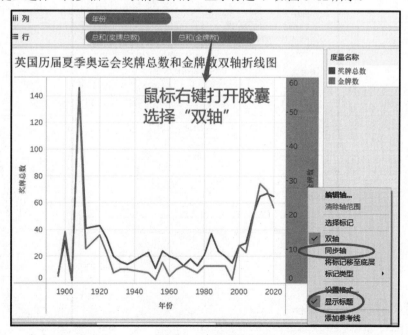

图 6-12　同步轴

鼠标右键选择左边纵坐标轴，单击"编辑轴"，如图 6-13 所示。

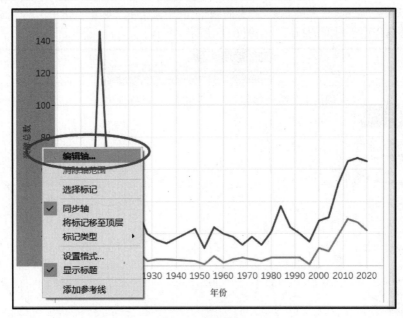

图 6-13　编辑轴

将轴标题改为"数量"，如图 6-14 所示。

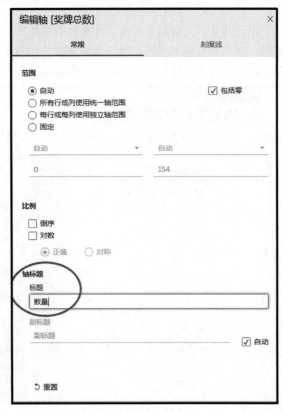

图 6-14　编辑标题

　　打开"奖牌总数"标记卡，将"奖牌总数"胶囊拖向标记卡中的"标签"，最终"英国历届夏季奥运会奖牌总数和金牌数双轴折线图"成品如图 6-15 所示。

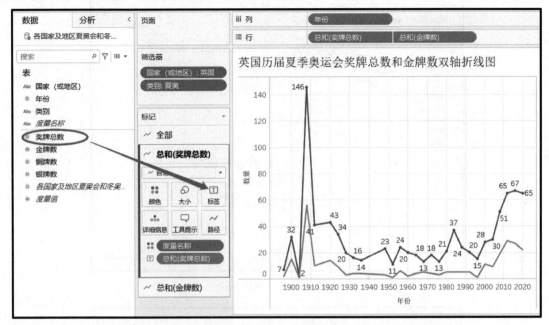

图 6-15　双轴折线图成品

6.2.3　多轴折线图

　　通常情况下，需要横向对比的数据种类往往多于两种。本小节讲述如何在 Tableau Desktop 中创建包含多条折线的视图。在"数据"窗格中包含一些不是来自原始数据的字段，"度量值"和"度量名称"就是其中两个。Tableau Desktop 会在连接数据源后自动创建这些字段，使用者通过"度量值"和"度量名称"来构建涉及多个度量的特定视图。

　　下面简单介绍"度量值"和"度量名称"的定义。"度量值"字段包含数据中的所有度量，这些度量被收集到具有连续值的单个字段中；"度量名称"字段包含数据中所有度量的名称，这些度量收集到具有离散值的单个字段中。

　　【例6-4】　创建"美国历届夏季奥运会金牌数、银牌数、铜牌数多轴折线图"。

　　在工作簿中新添加一张工作表，重命名为"美国历届夏季奥运会金牌数、银牌数、铜牌数多轴折线图"。将"国家（或地区）"拖向"筛选器"→选择"美国"→单击"确定"按钮；将"类别"拖向"筛选器"→选择"夏奥"→单击"确定"按钮；将"度量名称"胶囊拖向"筛选器"→选择"金牌数、银牌数、铜牌数"→单击"确定"按钮，如图 6-16 所示。

　　按住〈Ctrl〉键（Windows 操作系统），将"筛选器"中的"度量名称"胶囊拖向标记卡中的颜色；将"年份"拖向"列"功能区，如图 6-17 所示。

　　将"度量值"拖向"行"功能区。为了视图获得视觉上的直观，单击标记卡中的"颜色"标签，为画布中的三条折线分配适合的颜色；最终成品如图 6-18 所示。

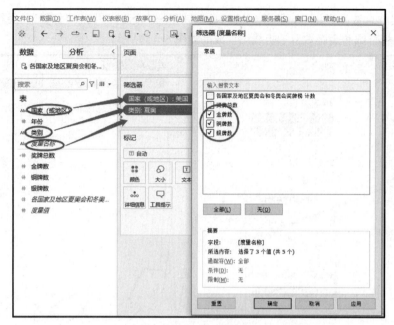

图 6-16　使用度量名称

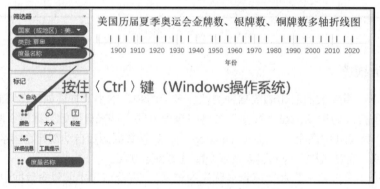

图 6-17　拖入年份

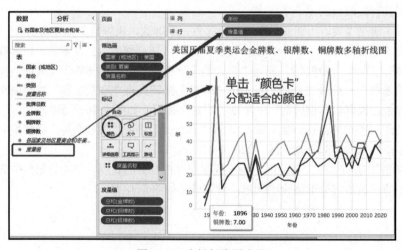

图 6-18　多轴折线图成品

6.3　智能推荐

Tableau Desktop 智能推荐包含 24 种视图, 是 Tableau 智能化的体现, 能够快速帮助创作者创建满足其需求的基本视图。智能推荐在工作表页面的右上方, 单击便会显示所包含的 24 种视图, 将鼠标光标放置于某一张视图上时, 在智能推荐的下方显示创建该视图所需的维度与度量或者需要满足的其他条件。从本节开始, 将结合智能推荐来快速创建视图。

6.3.1　智能推荐之突显表

Tableau Desktop 智能推荐中第一行第一个称为文本表, 顾名思义, 文本表就是把数据源中的某一项或者几项数据以表格的形式直观地呈现在视图中。因此, 文本表适用于展示少量数据时, 可以使阅览者直观了解数据。

此外, 智能推荐中还有另外一类视图: 突显表。突显表在文本表的基础上, 增加了颜色的深浅来明显显示数据之间的差异; 因此, 突显表不仅可在展示的数据量较少时使用, 也可以用在需要展示的数据量较多时。另外, 与文本表不同的是, 突显表的维度可以是一个或多个, 但度量只有一个。突显表在智能推荐的第一行第三个。

【例 6-5】创建 "2012、2016、2020 年夏季奥运会各国家 (或地区) 金牌数突显表"。

在工作簿中新建一张工作表, 重命名为 "2012、2016、2020 年夏季奥运会各国家 (或地区) 金牌数突显表"。首先鼠标右键选择 "年份" →选择 "转换为离散" →将 "年份" 拖向 "筛选器" →选择 "2012、2016、2020" →单击 "确定" 按钮; 将 "国家 (或地区)" 拖向 "行" 功能区→将 "金牌数" 拖向 "列" 功能区, 如图 6-19 所示。

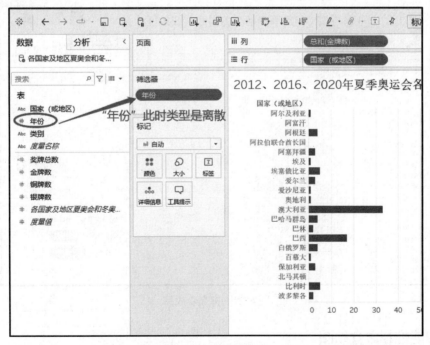

图 6-19　突显表初始

按住〈Ctrl〉键 (Windows 系统), 将 "筛选器" 中的 "年份" 胶囊拖向 "列" 功能区, 如图 6-20 所示。

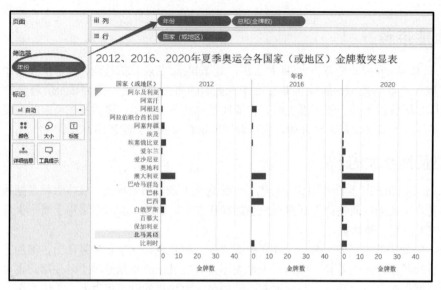

图 6-20　突显表过程

单击智能推荐的突显表，单击菜单栏中的"⟁"，将行列互换，调整视图的大小。最终，"2012、2016、2020 年夏季奥运会各国家（或地区）金牌数突显表"成品如图 6-21 所示。

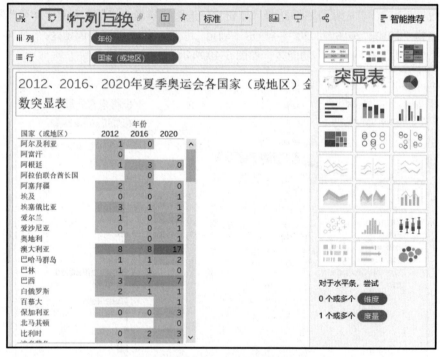

图 6-21　突显表成品

6.3.2　智能推荐之盒须图

盒须图是一种用作显示一组数据分散情况的统计图。盒须图包含上须、上枢纽（第三四分位数）、中位数、下枢纽（第一四分位数）、下须。盒须图在智能推荐第七行第三个。

【例 6-6】　创建"美国历届冬季奥运会各奖牌数盒须图"。

在工作簿中新建一张工作表，重命名为"美国历届冬季奥运会各奖牌数盒须图"。首先将"国家（或地区）"拖向"筛选器"→选择"美国"→单击"确定"按钮；将"类别"拖向"筛选器"→选择"冬奥"→单击"确定"按钮；将"度量名称"胶囊拖向"筛选器"→选择"金牌数、银牌数、铜牌数"→单击"确定"按钮，如图 6-22 所示。

图 6-22　盒须图初始

将"年份"拖向"列"功能区，将"度量值"拖向"行"功能区；视图右上方智能推荐的盒须图变为高亮状态，如图 6-23 所示。

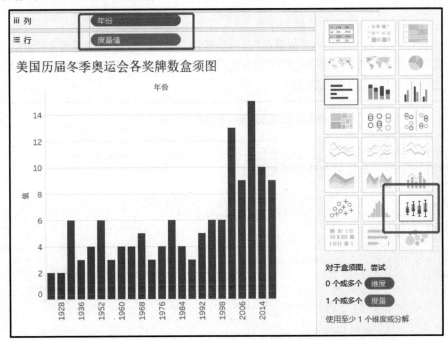

图 6-23　盒须图过程

单击盒须图，自动生成"美国历届冬季奥运会各奖牌数盒须图"，如图 6-24 所示。

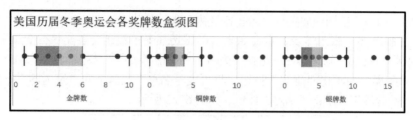

图 6-24　盒须图成品

6.4　设置数据源

前面几节连接的数据源是包含一张工作表的 Excel 文件；而现实生活工作中，往往面对包含多张工作表的文件，或者多个数据源。Tableau Desktop 对于多个数据源或一个数据源中的多张工作表的数据混合设置了四种处理方式：编辑关系、数据联接、新建并集、数据混合。

6.4.1　编辑关系

关系是新版本 Tableau Desktop 混合数据的默认方法，可用于大多数实例。关系具有灵活的优点，可以用于多个数据源之间或一个数据源中的多张工作表之间。但是，关系也是有限制的：关系无法从发布到 Tableau Server 或 Tableau Online 的数据源中的表之间形成，关系也不能基于计算字段形成。编辑关系时使用的字段类型需要匹配。

📖　"历届夏奥会和冬奥会举办国家以及举办城市"数据源包含一张工作表，其包括年份、第几届、类别、举办国家、举办城市五个字段。

【例 6-7】　使用关系添加和移除工作表。

在工作簿中单击画布左下角"数据源"，回到数据源页面，在左方数据源连接处，添加新数据源"历届夏奥会和冬奥会举办国家以及举办城市"，如图 6-25 所示，添加新数据源成功之后，在数据源连接处多了新添加的数据源。

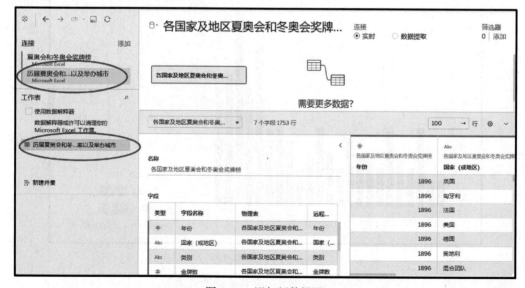

图 6-25　添加新数据源

📖　如果要切换数据源，单击要切换的数据源即可，下方的工作表会自动切换该数据源所包含的工作表。

编辑关系时，具体步骤如下：将"历届夏奥会和冬奥会举办国家以及举办城市"工作表拖到编辑关系处，会在下方弹出编辑关系页面，如图 6-26 所示，里面包含需要编辑关系的两张工作表、工作表中包含的字段，以及运算符。选择"各国家及地区夏奥会和冬奥会奖牌榜"工作表中的"年份"→选择"历届夏奥会和冬奥会举办国家以及举办城市"工作表中的"年份"。右下部分的数据概览会自动变化为编辑关系之后的数据。

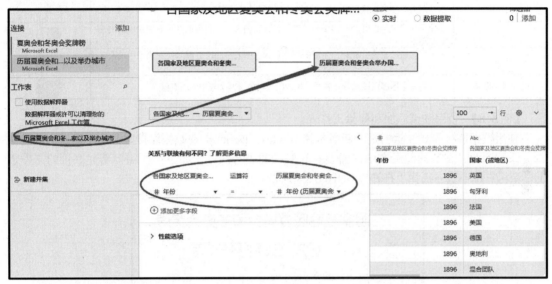

图 6-26　编辑关系

新建一张工作表，如图 6-27 所示，可以发现左方的数据窗格中已经包含新连接的"历届夏奥会和冬奥会举办国家以及举办城市"工作表的维度与度量。

移除建好的关系，只需要回到数据源页面，在画布的工作表上，单击鼠标右键，选择"移除"即可，如图 6-28 所示。需要注意的是，移除关系后，工作表中的数据也一起被移除。

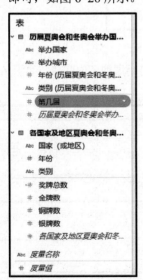

图 6-27　编辑关系后的数据窗格

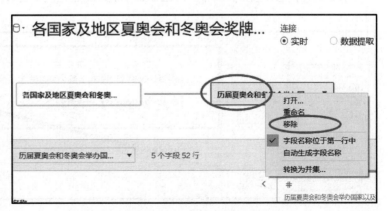

图 6-28　移除编辑的关系

6.4.2 数据联接

联接通过在具有类似行结构的两张工作表中添加更多数据列来合并表。通常 Tableau Desktop 中使用四种类型的联接：内联接、左联接、右联接和完全外部联接，如表 6-1 所示。

表 6-1 联接类型

联接类型	结果	图形说明
内联接	使用内联接来合并表时，生成的表将包含两个表均匹配的值	
左联接	使用左联接来合并表时，生成的表将包含左侧表中的所有值以及右侧表中的对应匹配项	
右联接	使用右联接来合并表时，生成的表将包含右侧表中的所有值以及左侧表中的对应匹配项	
完全外部联接	使用完全外部联接来合并表时，生成的表将包含两个表中的所有值	

【例 6-8】 使用联接添加和移除工作表。

使用数据联接需要注意的是，新版本的 Tableau Desktop 在数据联接时，由于默认方法是编辑关系，因此，在数据源画布中，需要打开联接的画布。方法如下：在需要新建联接的工作表上，鼠标右键单击→选择"打开"，如图 6-29 所示。

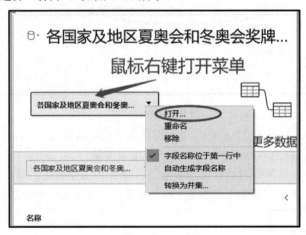

图 6-29 打开联接

将被联接的工作表拖到画布上，Tableau Desktop 根据表中数据自动添加了内联接，如图 6-30 所示。

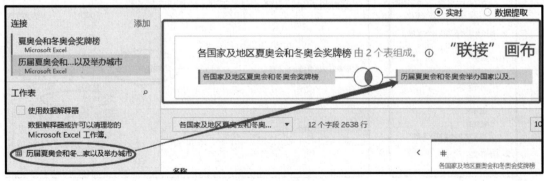

图 6-30 新建联接

如果要修改联接方式，只需在联接处单击鼠标左键，换成其他联接方式，如图 6-31 所示。

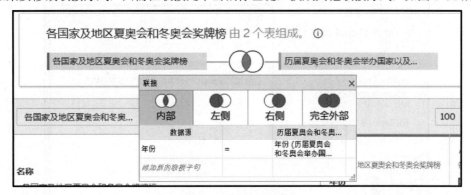

图 6-31　修改联接方式

转到工作表页面，可以发现左方数据窗格已经具有"历届夏奥会和冬奥会举办国家以及举办城市"工作表所包含的维度与度量，但与编辑关系不同的是，数据联接之后的两张工作表的维度都在上方，度量都在下方；而编辑关系是一张工作表的维度与度量在上方，另一张的维度与度量在下方，如图 6-32 所示。

移除联接与移除关系的方法类似，只需回到数据源界面，将画布上需要移除的工作表右键移除，将画布上打开的联接画布关掉即可。

6.4.3　新建并集

新建并集的方式有两种：手动合并表（手动）和通配符（自动）。手动合并的方法是将需要合并的表拖向"新建并集"页面，单击"确定"按钮即可；适用于需要合并工作表较少的情况。自动合并是通过通配符匹配，将所查询到的文件自动新建为一个并集，适用于合并的工作表较多的情况。并集如表 6-2 所示。

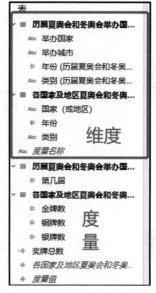

图 6-32　数据联接之后的数据窗格

表 6-2　并集

类型	结果	图形说明
并集	并集是通过将一个表中的几行数据附加到另一个表来合并两个或者更多表的一种方法。理想情况下，合并的表必须具有相同的字段数，并且这些字段必须具有匹配的名称和数据类型	

【例 6-9】　使用并集合并表。

在工作簿数据源页面，鼠标左键双击"新建并集"，会自动弹出并集页面，如图 6-33 所示，如果是手动合并，只需将要合并的表拖动到并集页面中，单击"应用"或者"确定"按钮；在画布中有工作表时，新建并集之后需要重新编辑原有的工作表和新建的并集工作表之间的关系。

如果选择通配符合并，如图 6-34 所示，选择匹配的文件格式和位置即可。Tableau Desktop 在使用通配符合并时，最好将所有需要合并的文件放在一个文件夹里，然后将通配符页面的"匹配模式"选项全部变成空白。

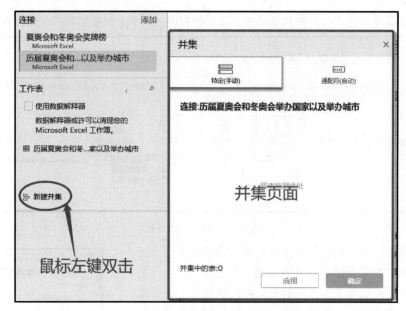

图 6-33　并集页面

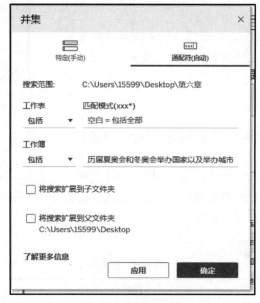

图 6-34　通配符合并

6.4.4　混合数据

不像关系、联接、并集那样，混合在连接了多个数据源时，不会真正地合并数据；相反，混合会单独查询每个数据源，将结果聚合到适当的级别，然后将结果一起直观地呈现在视图中。因此，混合可以处理不同的详细级别，并处理已发布的数据源。

使用混合数据的方式，只需要在工作表页面菜单中的"数据"连接新的数据源，如图 6-35 所示。

使用混合数据源创建视图时，在"数据源"窗格切换数据源即可，如图 6-36 所示。

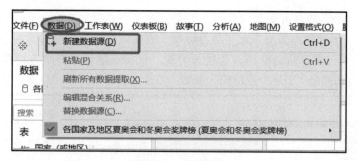

图 6-35　数据混合

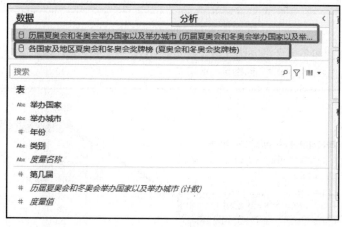

图 6-36　切换数据源

6.5　树状图

树状图是在矩形中显示数据，使用矩形的面积和颜色的深浅来表示数据的大小。它通过维度来定义树状图的结构；通过度量来定义各个矩形的大小或颜色。因此，树状图只能有一个或者两个度量，对于维度的数量则不限。

【例 6-10】　创建"2020 年东京奥运会各国家（或地区）金牌榜树状图"。

在工作簿中添加"历届夏奥会和冬奥会举办国家以及举办城市"数据源，将新添加的数据源包含的工作表"历届夏奥会和冬奥会举办国家以及举办城市"拖到画布上，使用"年份"字段，编辑关系如图 6-37 所示。

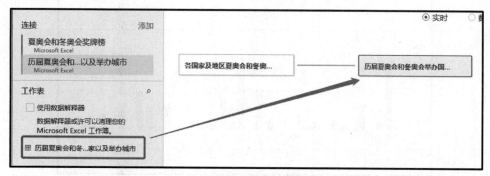

图 6-37　添加数据源并编辑关系

新建一张工作表，将其重命名为"2020 年东京奥运会各国家（或地区）金牌榜树状图"。因为新添加的工作表中"举办国家"和"举办城市"有从属关系，所以对这两个字段创建分层结构，让创建的视图获得下钻功能，并且更加美观。鼠标左键选择"举办城市"拖向"举办国家"，Tableau 会自动弹出"创建分层结构"页面，单击"确定"按钮，如图 6-38 所示。

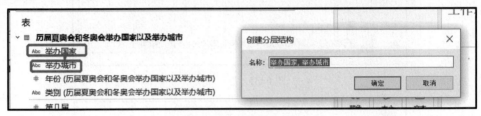

图 6-38　创建分层结构

将"历届夏奥会和冬奥会举办国家以及举办城市"工作表中的"年份"转换为离散，并将其拖向"筛选器"→选择"2020"，如图 6-39 所示。

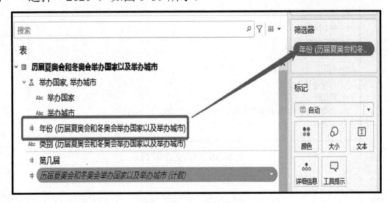

图 6-39　树状图初始

将"夏奥会和冬奥会奖牌榜"工作表中"国家（或地区）"拖向"列"功能区，将"金牌数"拖向"行"功能区，如图 6-40 所示。

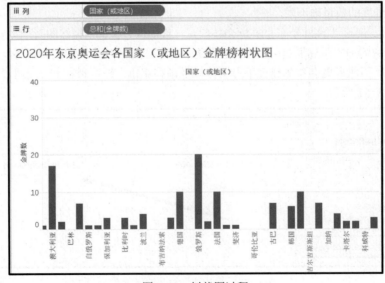

图 6-40　树状图过程

单击智能推荐中第四行第一个"树状图",如图 6-41 所示。

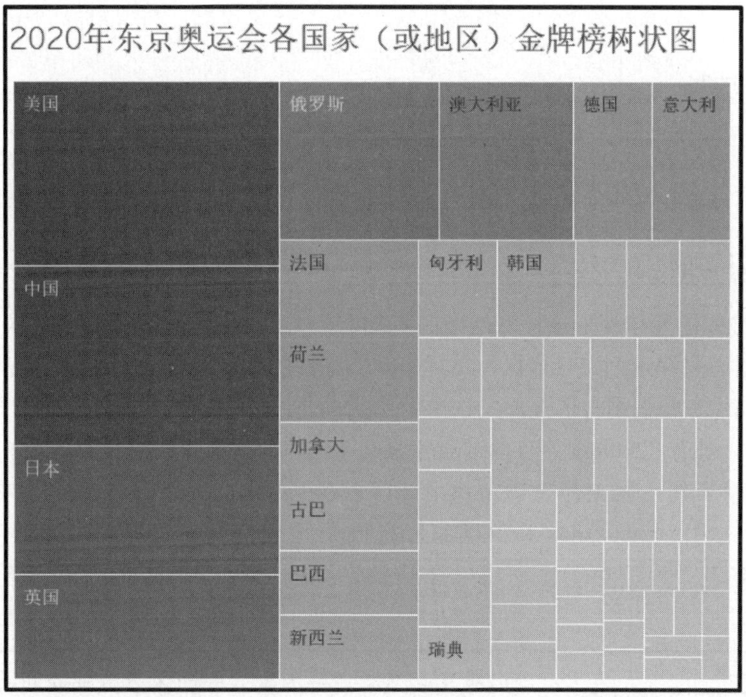

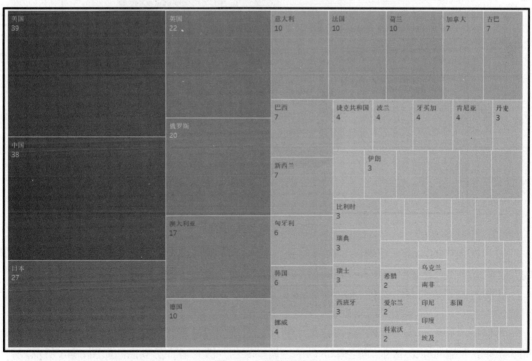

图 6-41　智能推荐树状图

将"夏奥会和冬奥会奖牌榜"工作表中的"金牌数"拖向"标记卡"中的"标签";最终"2020 年东京奥运会各国家(或地区)金牌榜树状图"成品如图 6-42 所示。

图 6-42　树状图成品

📖 对于 "NULL" 值，单击鼠标左键，在弹出的页面中选择 "筛选数据"，即可把 "NULL" 筛选掉。

6.6 基础变形

现实生活或者工作中，往往需要大量的视图来使得可视化内容更加丰富。为了让视图更加多样化，只需要简单改变视图的标签、轴等，就能在基础视图上得到丰富多样的变形视图。

6.6.1 气泡图与词云

词云是气泡图的简单变形，在气泡图的基础上，将默认标记 "圆" 改为 "文本"。创建词云可以依靠智能推荐来快速创建气泡图，然后修改气泡图的默认标记。相比较于气泡图，词云将阅览者的注意力集中在数据的文本上。

【例 6-11】 创建 "2008 届北京奥运会各国家（或地区）金牌数词云"。

在工作簿中新建一张工作表，重命名为 "2008 届北京奥运会各国家（或地区）金牌数词云"，如图 6-43 所示，将 "举办国家" 拖向 "筛选器" →选择 "中国"；将 "国家（或地区）" 维度拖向 "列" 功能区；将 "金牌数" 拖向 "行" 功能区，单击智能推荐中的气泡图。

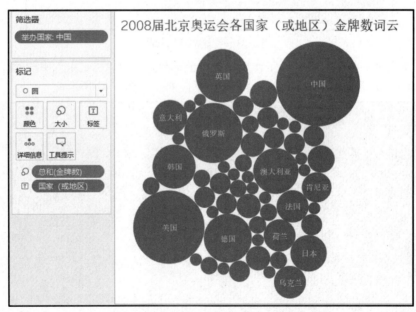

图 6-43　创建气泡图

因为视图中的国家（或地区）金牌差异数过大，所以对 "金牌数" 添加筛选器。将 "金牌数" 胶囊拖向 "筛选器" →选择 "所有值" →单击 "下一步" 按钮，如图 6-44 所示。

在弹出的 "筛选器" 页面，选择 "至少"，输入最小值 "5"，单击 "确定" 按钮，如图 6-45 所示。

将标记 "圆" 改为 "文本"，一幅简单的词云图就创建好了。如果感觉颜色比较单调，可以将 "金牌数" 拖向标记中的 "颜色" 卡，单击编辑颜色，改为适合的颜色，如图 6-46 所示。

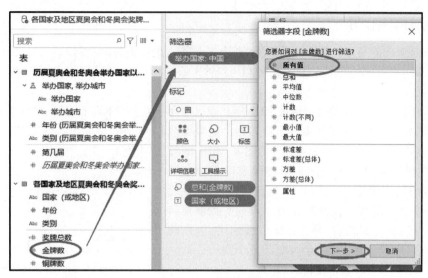

图 6-44 添加筛选器

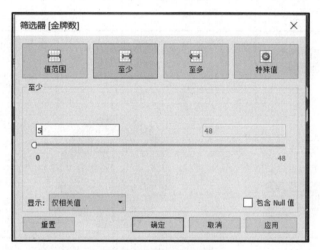

图 6-45 输入最小值

图 6-46 词云图

6.6.2 饼图和环形图

环形图是饼图的变形，其原理是将两个同样的饼图，通过调节两个圆的大小，形成一大一小的两个圆，将小圆的颜色变为白色，然后利用双轴来形成同心圆。环形图在可视化内容的视觉效果上更加简洁。

【例 6-12】 创建"英美德俄四国 2020 年夏季奥运会各国金牌率环形图"。

在工作簿中新建一张工作表，重命名为"英美德俄四国 2020 年夏季奥运会各国金牌率环形图"，如图 6-47 所示，将"历届夏奥会和冬奥会举办国家以及举办城市"工作表中的"国家（或地区）"拖向"筛选器"→选择"英国、美国、德国、俄罗斯"；将"年份"胶囊拖向"筛选器"→选择"2020"；将"国家（或地区）"拖向"列"功能区；创建计算字段"金牌率"，公式如下：

图 6-47 创建计算字段

$$[金牌数]/[奖牌总数]$$

单击"确定"按钮；将"金牌率"拖向"行"功能区→单击智能推荐中的饼图，如图 6-48 所示。

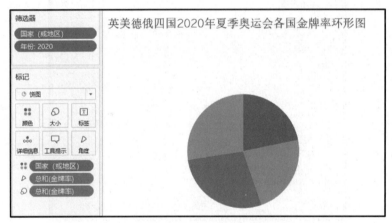

图 6-48 环形初始图

之前的 Tableau Desktop 版本在创建环形图时使用自动生成的"记录数"，而在新版本中，"记录数"被取消，如果想要创建两个相同的饼图，可以通过创建辅助参数。在数据窗格中选择"创建参数"，如图 6-49 所示，将其命名为"环形辅助参数"，当前值设为 1，单击"确定"按钮。

将新建的"环形辅助参数"拖到"行"功能区，再次将"环形辅助参数"拖向"行"功能区，Tableau Desktop 在标记卡上自动将重复的名称作区分；打开"环形辅助参数(2)"，移除所有度量，如图 6-50 所示。

调整"环形辅助参数(2)"视图的"大小"，使其略小于"环形辅助参数"视图，将其颜色改为白

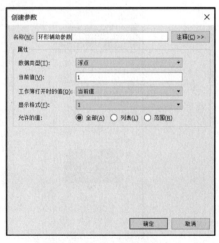

图 6-49 创建辅助参数

色；将两个"环形辅助参数"设置为双轴、同步轴；取消两边纵坐标轴的"显示标题"；适当往视图中加入标签，最终成品如图 6-51 所示。

图 6-50　修改辅助参数的标记卡

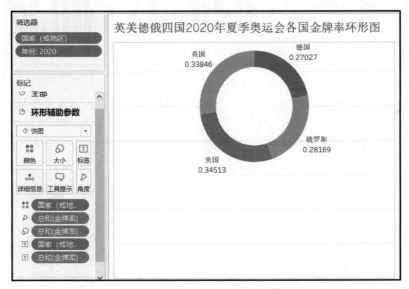

图 6-51　环形图成品

6.7　组合图

智能推荐中包括双组合图，但却需要"日期"才能显示，而如果数据中没有日期类型的字段时该怎么办呢？本节将介绍不需要日期的复合图。其原理是利用双轴，将需要展示的数据放在同一个坐标轴，然后修改默认标记。

【例 6-13】　创建"挪威历届冬季奥运会奖牌总数与金牌数组合图"。

首先，新建一张工作表，命名为"挪威历届冬季奥运会奖牌总数与金牌数组合图"，将"国

家（或地区）"拖向"筛选器"→选择"挪威"→单击"确定"按钮；将"类别"拖向"筛选
器"→选择"冬奥"→单击"确定"按钮；将"年份"（此时数据类型为"数字"）拖向"列"功
能区；将"奖牌总数"和"金牌数"拖向"行"功能区，如图 6-52 所示。

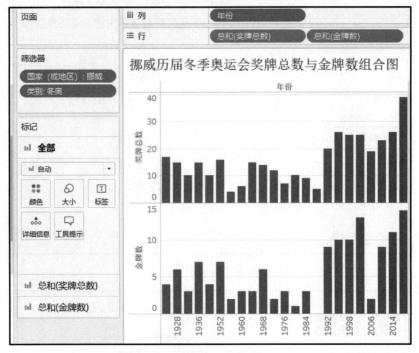

图 6-52　组合图初始

　　鼠标右键选择"金牌数"胶囊，选择"双轴"；鼠标右键选择右边纵坐标轴，选择"同步
轴"→取消选择"显示标题"，如图 6-53 所示。

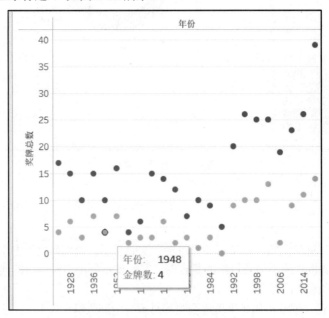

图 6-53　组合图过程

鼠标右键选择左边纵坐标轴，选择"编辑轴"，将标题改为"数量"，如图 6-54 所示。

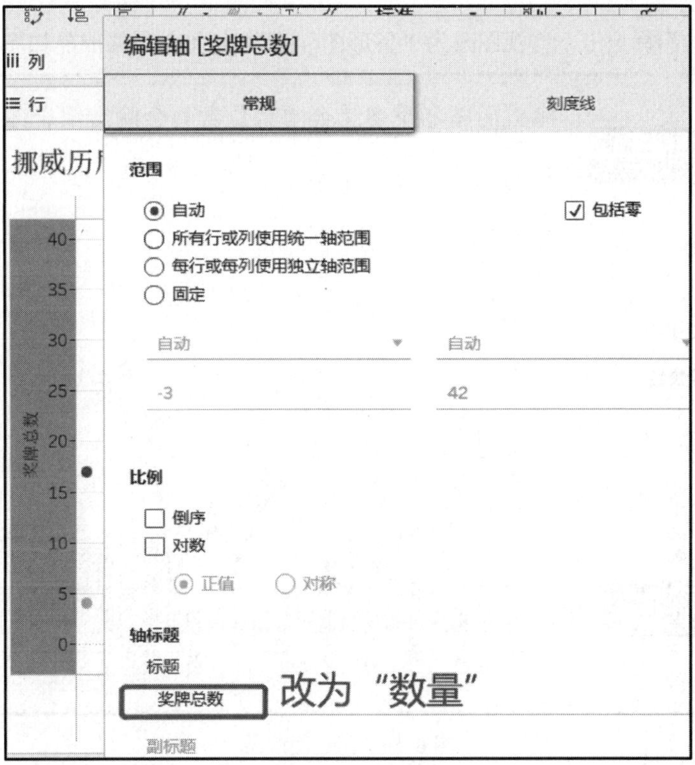

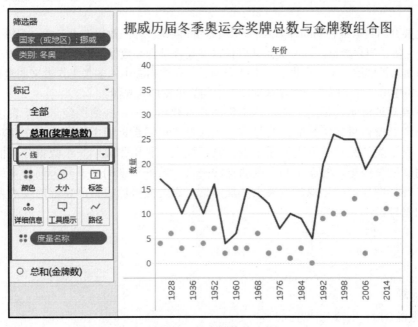

图 6-54　编辑轴

打开"奖牌总数"标记卡，单击"▼"按钮，将视图改为"线"，如图 6-55 所示。

图 6-55　组合图修改形状

📖　标记卡可以根据数据选择适合标记，也可以自定义形状。

打开"金牌数"标记卡，将视图改为"条形图"，添加标签；最终成品如图 6-56 所示。

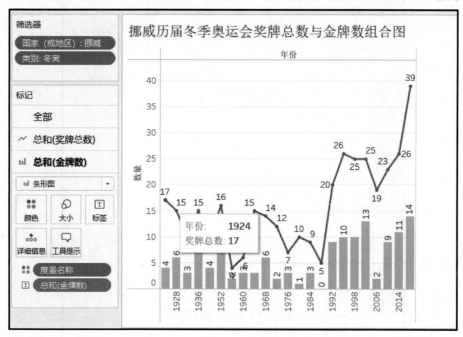

图 6-56　组合图成品

本章小结

本章主要介绍数据混合的四种方式和基础视图的创建步骤。数据混合包括：编辑关系、数据联接、新建并集、混合数据，其中关系、联接、并集都是合并数据，而混合并不需要合并数据。创建基础视图包括使用一张工作表、多个数据源、一个数据源中的多张工作表来创建视图，介绍了智能推荐的使用，并讲解了一些在基础图形上的简单变形的视图。

条形图直观地展示数据的大小，是常用的基本视图之一；折线图经常用于表示连续时间或者相同时间跨度内事物的趋势；突显表使用颜色来展示数据源中的数据，在面对展示的数据较多时，突显表的视觉效果优于文本表；盒须图是一种用作显示一组数据分散情况资料的统计图；树状图使用矩形的面积和颜色的深浅来表示数据量之间的差异；词云将可视化集中在文本上；环形图使可视化视觉效果上更加简洁；组合图可以根据创建者的需求来对比不同维度之间的差异。

习题

1. 概念题

1）数据混合时，有哪几种方式？

2）编辑关系在哪种情况下用不了？

3）联接有哪些类别？

4）新建并集的方式有哪些？

2．操作题

1）使用"历届夏奥会和冬奥会举办国家以及举办城市"，创建"2020 年东京奥运会各国家（或地区）银牌榜和铜牌榜树状图"。

2）使用"历届夏奥会和冬奥会举办国家以及举办城市"，创建"银牌率"计算字段，并根据该字段，创建中、英、美、德、俄五国 2020 年夏季奥运会各国银牌率环形图。

第 7 章
创建 Tableau 地图

Tableau 地图功能十分强大，可以将省级、地市级的地图进行充分展示，并且可以编辑经纬度信息，实现对地理位置的定制化功能。本章将详细介绍 Tableau 地图的基础使用方法以及在实际工作中经常会使用到的高级地图功能。

本章重点介绍创建地图的主要步骤，创建基本地图和设置地理角色是基础，标记地图、添加字段信息、设置地图选项、创建分布图等可以根据需求将数据内容直观地展示出来，自定义地图属于高级应用阶段。本章操作过程中用到的数据源是"全球疫情数据""示例-超市"数据以及"浙江省超市数据"，其中"全球疫情数据"包括国家/地区、大洲、时间日期、累计确诊人数、累计治愈人数、累计死亡人数等字段，"示例-超市"及"浙江省超市数据"数据包括国家、地区、省/自治区、城市、销售额、数量、利润等字段。

7.1　设置角色

Tableau 地图包括符号地图和填充地图两种类型，将包含地理信息的数据源连接至 Tableau 中，分配对应的"地理角色"后，通过双击或拖放即可生成地图。本节重点介绍生成地图前，设置地理角色的相关内容。通过本节的学习，读者可通过 Tableau 创建最基本的地图。

Tableau 对地理位置识别的过程中，能够自动识别出国家、省或直辖市、地市级别的地理信息，识别内容包括名称、缩写或拼音。

7.1.1　"地理角色"的定义

Tableau 将每一级地理位置信息定义为"地理角色"，"地理角色"包括"国家/地区""省/市/自治区""城市""区号""CBSA/MSA""国会选区""县""邮政编码"，其中只有"国家/地区""省/市/自治区""城市"对中国区域有效。各项"地理角色"的详细说明如表 7-1 所示。

表 7-1　Tableau"地理角色"说明

地理角色	说明	举例
国家/地区	全球范围内的国家或地区	中国、Canada、AF、UKR
省/市/ 自治区	全世界范围内的省、市、自治区	山西、天津
城市	全世界的城市名称，城市范围为人口超过 1 万、政府公开地理信息的城市	青岛、长春、Seattle

7.1.2　角色的生成

一般情况下，Tableau 会自动识别数据源中的地理信息，并且分配相应的"地理角色"，但有时 Tableau 也会把地理信息识别为字符串。判断 Tableau 是否将地理信息识别为"地理角色"有两个标志，如表 7-2 所示。

表 7-2　分配"地理角色"结果判断

变化位置	标志	说明
"数据"窗格	地理信息字段前的图标为 ⊕	若没有自动识别字段前可能是 Abc 图标，此时将字段识别为字符串
"数据"窗格	"纬度（自动生成）""经度（自动生成）"	表明 Tableau 已经对信息进行地理编码并将每个值与经度、纬度关联

如果 Tableau 未自动识别地理信息，则需要手动分配地理角色。右击"数据"窗格中包含地理信息的字段，如"国家/地区"，选择"地理角色"，然后选择数据类型，如"国家/地区"，如图 7-1 所示，此时，地理信息字段前的图标由 Abc 变为 ⊕，并且生成"纬度（自动生成）""经度（自动生成）"两个字段。若需要使用 Tableau 对数据进行地理编码时，可以使用"纬度（自动生成）"和"经度（自动生成）"两个字段，如图 7-2 所示。

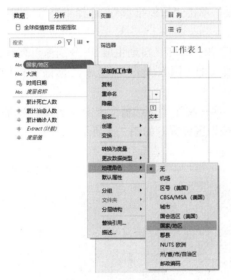

图 7-1　分配地理角色　　　　图 7-2　纬度（自动生成）和经度（自动生成）字段

7.2　创建地图

Tableau 可以以地图为背景，在相应的地理位置上以不同的形状、大小、颜色等方式展示信息，包括符号地图和填充地图。本节将介绍创建并标记符号地图、编辑地理位置等方法。

7.2.1　创建并标记符号地图

符号地图，即在地图的背景下，在对应的位置上以不同的形状符号进行标记，从而展示信息，如图 7-3 所示。

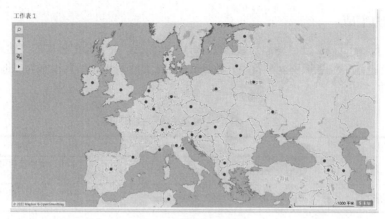

图 7-3　符号地图视图

设置角色后，有以下三种方式创建符号地图。

方法 1：双击被分配"地理角色"的地理信息字段，Tableau 会自动调出地图视图，如双击"城市"字段，生成地图视图。如未自动出现地图视图，则在"菜单栏"中选择"地图"→"背景地图"，将"背景地图"设置为 Tableau，即可生成符号地图视图。

方法 2：选择被分配"地理角色"的地理信息字段，单击"智能推荐"，选择"符号地图"，即可生成符号地图。

方法 3：将"数据"窗格下的"经度（自动生成）"和"纬度（自动生成）"分别拖至列和行的功能区，将已经被分配"地理角色"的地理区域字段（如"国家/地区"）置于"标记"卡上的"详细信息"标记中，即可生成符号地图。

将全球疫情数据生成符号地图后，可以将"大洲"字段拖至"筛选器"卡上，选择"欧洲"和"北美洲"，地图上即可显示欧洲和北美洲的各国家或地区位置。如图 7-4 所示。

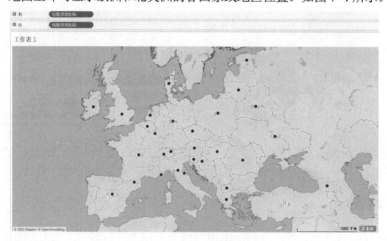

图 7-4　标记地理位置

7.2.2　编辑地理位置

Tableau 可对地理库中不包含的地理信息进行编辑。

单击图 7-4 右下角的"4 未知"，在弹出的"【国家/地区】的特殊值"对话框中，单击"编辑位置"，打开的窗口如图 7-5 所示。

对无法识别的数据，可在"匹配位置"中选择一个"匹配项"，映射到正确位置。对于难以找到"匹配项"的位置，要从定位精度来考虑。单击"无法识别"，在下拉列表中选择"输入纬度和经度"，以"捷克"为例，如图 7-6 所示。

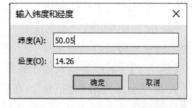

图 7-5　"编辑位置"窗口　　　　　　　　　　　图 7-6　输入捷克的经纬度

若存在大量无法识别的地理位置，逐个进行匹配或输入纬度和经度，会耗费较大的工作量，因此，建议通过"导入自定义地理编码"的方法，对 Tableau 的地理库进行扩充，以实现地理位置识别，具体操作参考 7.5.2 节。

此外，Tableau 的原理是先匹配上级单位，再匹配下级单位，因此，一般情况下需要先将无法识别的上级单位定义好，再设置下级单位。

7.2.3　创建填充地图

填充地图，即将地理信息作为面积进行填充，如图 7-7 即为某一填充地图视图。

图 7-7　填充地图视图

设置角色后，有以下三种方法创建填充地图。

方法 1：双击"数据"窗格下已设置为"地理角色"的包含地理信息的字段，生成符号地图，将度量字段拖至"标记"卡中的"颜色"，即可生成填充地图。如双击"国家/地区"字段，然后将"累计确诊人数"拖至"标记"卡中的颜色，即可生成填充地图。

方法 2：同时选择被分配"地理角色"的地理信息字段和度量字段，单击"智能推荐"，选择"填充地图",即可生成填充地图。

方法 3:按照 7.2.1 节中的三种方式之一创建好符号地图后,单击"智能推荐"中的"填充地图"或在"标记"卡的图形选择中选择"地图",即可生成填充地图。

📖 填充地图只能识别到"州/省/市/自治区",不能识别"城市",若要展示城市的各项信息,只能使用符号地图。

7.3 添加字段信息

为了使地图看起来更加直观和美观,通常需要添加更多的字段信息,可以将"数据"窗格中的度量或连续维度拖到"标记"卡,从而实现更直观的数据情况展示,也可以通过混合地图展示数据情况。

7.3.1 "标记"卡的使用

"标记"卡中包括"图形选择""颜色""大小""标签""详细信息""工具提示"等标记,可以根据需求将数据进行展示。

【例 7-1】 展示各国家累计确诊人数。

使用"全球疫情数据.xls",在使用筛选器筛选出欧洲和北美洲的基础上(见图 7-4),通过地图显示欧洲和北美洲每个国家或地区的累计确诊人数。可以将"累计确诊人数"字段拖至"标记"卡的"大小"标记和"颜色"标记上,并将"国家/地区"拖至"标签"标记上,如图 7-8 所示。图中的"圆"标记代表每个国家的累计确诊人数,累计确诊人数的多少通过"圆"形状的大小和颜色的深浅来显示。

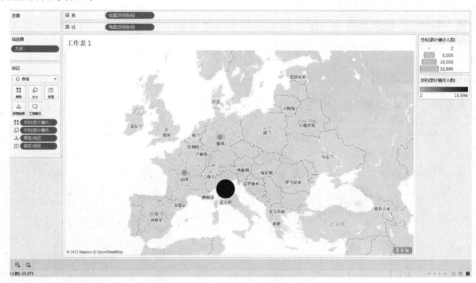

图 7-8 添加字段信息

此外,Tableau 可以根据需要改变图标的状态,如可以将"圆"改变为其他形状,或根据需要改为折线图、饼图等。

7.3.2 混合地图

混合地图是将符号地图和填充地图重合叠加形成的一种展示形式。创建混合地图首先需要一个已经创建完成的符号地图或填充地图,然后进行进一步展示。

【**例 7-2**】　创建混合地图。

使用"全球疫情数据.xls",在先创建符号地图的基础上(见图 7-8),创建混合地图。步骤如下。

1. 生成两个地图

将"数据"窗格中的"经度(自动生成)"再次拖至列功能区,或者按住〈Ctrl〉键将列功能区的"经度(自动生成)"向右拖拽,此时列功能区内包含两个"经度(自动生成)",即生成了两个地图,如图 7-9 所示。同理,重复将"纬度(自动生成)"拖至行功能区也能出现同样效果。

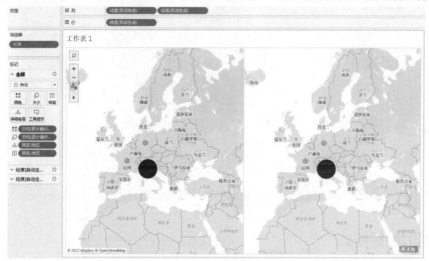

图 7-9　生成两个地图

2. 设置"双轴"

右键单击列功能区的"经度(自动生成)",选择"双轴",两个地图重叠为一个,可以看到"标记"卡中生成两个切换条,分别是"经度(自动生成)"和"经度(自动生成)(2)",分别代表两个地图图层,如图 7-10 所示。

图 7-10　"双轴"设置后的地图

3. 生成混合地图

选择"经度(自动生成)(2)",在图形选择中选择"地图",将"数据"窗格中的"累计治愈人数"拖至"标记"卡的"颜色",编辑"颜色"为"蓝色—蓝绿色"系,调节"不透明度"
至最直观清晰,如图 7-11 所示。

图 7-11　混合地图

混合地图可以实现三维信息展示,更加直观地反映各地理位置的不同信息。

7.4　设置地图格式

在创建地图后,有多个选项可以改变地图的显示效果。包括"地图选项""地图层"等,可
以根据需求改变地图的外观进行地图格式设置,达到重点突出、对比度强、方便查看等目的,从
而使地图的可读性更强。

7.4.1　地图选项的设置

在创建地图后,"地图选项"窗格提供了控制地图外观的功能。选择"地图"→"地图选
项"命令,打开"地图选项"窗格,如图 7-12 所示。

图 7-12　打开"地图选项"窗格

可以利用"地图选项"窗格设置地图的外观，包括"允许平移和缩放""显示地图搜索""显示视图工具栏"和"显示地图比例尺"，且比例尺可选择不同单位，可根据需求进行设置，勾选对应的选项即可，如图 7-13 所示。

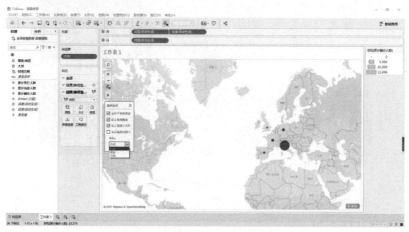

图 7-13　设置"地图选项"窗格

7.4.2　地图层的设置

利用"地图"→"地图层"菜单命令可以设置地图背景、地图层和数据层等，如图 7-14 所示。其中，"数据层"为 Tableau 预设的美国人口普查等信息，此处不做详细说明，下面主要介绍"背景"和"地图层"的设置方法。

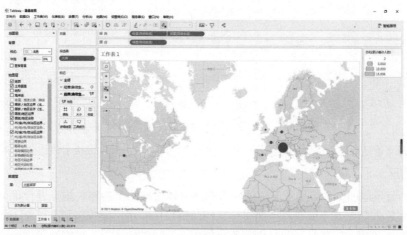

图 7-14　"地图层"设置

1. 背景

背景的样式包括"浅色""普通""深色""街道""室外""卫星"6 种模式，可以根据需求选择不同的样式。工作区左侧的"地图层"窗格中的"背景"下，单击"样式"下拉菜单，然后选择背景地图样式，如图 7-15 所示。设置不同背景的样式，可改变地图的风格，如图 7-16 所示。

除样式以外，"冲蚀"滑块可以控制背景地图的颜色强度或亮

图 7-15　设置背景样式

度，滑块可以左右移动，若向左移动，地图将越来越清晰，若向右移动，地图将越来越模糊。冲蚀效果如图 7-17 所示。

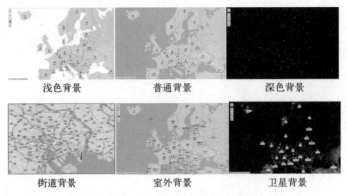

图 7-16　不同地图背景样式效果

图 7-17　冲蚀效果控制背景地图的强度或亮度

如果选择"重复背景"选项，地图就可能多次显示相同区域，具体取决于该地图以何处为中心。

2. 地图层

Tableau 背景地图有多个地图层，这些地图层可以对地图上的相关的点进行标记，也可以在背景地图上显示或隐藏某个或某几个图层。某些地图层仅在特定缩放级别上可见。如果地图层在当前缩放级别不可用，它将显示为灰色，若要使用不可用的地图层，可将地图视图进一步放大。此外，某些地图层仅在使用某些地图样式时可用。表 7-3 列出了每个地图层及其使用范围。

表 7-3　Tableau地图层说明

层名称	说明	样式
底图	显示包括水域和陆域的底图	全部
土地覆盖	遮盖自然保护区和公园，以便为地图提供更大深度	除卫星外的所有样式
地形	显示垂直高度变化的立体图	除卫星外的所有样式
海岸线	显示海岸线	浅色、深色、正常
街道，高速公路，路线	标记公路和高速公路以及小城市街道。此层还包括公路和街道名称	全部

（续）

层名称	说明	样式
国家/地区边界（浅灰）	以浅灰色显示国家/地区轮廓和名称	浅色、深色、正常
国家/地区名称（浅灰）	以浅灰色显示国家和地区名称	浅色、深色、正常
国家/地区边界	以深灰色突出显示国家和地区边界	全部
国家/地区名称	以深灰色突出显示国家和地区名称	全部
州/省/市/自治区边界（浅灰）	以浅灰色显示省/市/自治区边界和名称	浅色、深色、正常
州/省/市/自治区名称（浅灰）	以浅灰色显示省/市/自治区名称	浅色、深色、正常
州/省/市/自治区边界	以深灰色突出显示州/省边界	全部
州/省/市/自治区名称	以深灰色突出显示州/省名称	全部
郡县边界	突出显示美国的县边界	浅色、深色、正常
郡县名称	突出显示美国的县名称	浅色、深色、正常
邮政编码边界	标记美国邮政编码边界，必须放大才能看到此层	浅色、深色、正常
邮政编码标签	显示美国邮政编码的标签，必须放大才能看到此层	浅色、深色、正常
地区代码边界	标记美国地区代码边界，必须放大才能看到此层	浅色、深色、正常
地区代码标签	显示美国地区代码的标签，必须放大才能看到此层	浅色、深色、正常
美国都市边界（CBSA）	标记美国都市统计区域和都市区域的边界	浅色、深色、正常
美国都市标签（CBSA）	显示美国都市统计区域和都市区域的标签	浅色、深色、正常
水域标签	显示水体的标签	全部
城市	显示城市的标签	全部
景点	显示景点（如学校、公园、墓园、企业和重要建筑）标签，依赖于缩放级别	全部
小区	显示城市中小区的标签，必须放大才能看到此层	全部
地铁和火车站	显示地铁和火车站的名称，必须放大才能看到此层	除卫星外的所有样式
建筑占地面积	显示建筑物的轮廓（如果可用），必须放大才能看到此层	卫星、街道、户外
门牌号	显示建筑的门牌号（带以及不带建筑占地面积），必须放大才能看到此层	街道、户外
轮廓线	显示指明垂直高度变化的线条（以米为单位），此层依赖于缩放级别	户外

设置不同地图层的效果，如图 7-18 和图 7-19 所示。

图 7-18　设置不同地图层的效果 1

图 7-19　设置不同地图层的效果 2

若单击"地图选项"窗格底部的"设为默认值"按钮，则默认在 Tableau 中创建的地图均采用本次设置；若单击"重置"按钮，则地图选项会恢复为配置的默认设置。

7.5　自定义地图

Tableau 的地图功能强大，在实际工作中经常需要对地图进行自定义，从而满足展示需求。本节将会重点介绍自定义背景地图、自定义地理编码、自定义背景图像等进阶操作。

7.5.1　自定义背景地图

Tableau 可以快速创建地图视图，可以满足用户快速获得和地理位置或地理信息相关分析的需求，创建地图时，一般会有默认的背景地图，但是，Tableau 中的背景地图选项为用户提供了不同的地图源以供选择。

用户可以选择不使用地图源，也可以选择 Tableau 自带的地图源，并且根据需求选择不同样式的背景地图，或脱机使用地图，或使用 WMS 服务器、Mapbox 服务器实现自定义地图源，并可设置何种地图源为默认地图源，如图 7-20 所示。

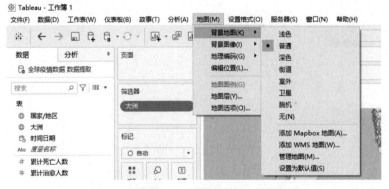

图 7-20　菜单栏中"背景地图"调用位置

1. 联机地图

在默认情况下，创建地图时，所有的地图视图都会连接到此背景地图。包括"浅色""普通"

"深色""街道""室外""卫星" 6 个背景地图样式，具体见 7.4.2 节。若用户在使用过程中习惯某个模式，可以将该模式设置为默认背景地图。操作方式为在单击"地图"→"背景地图"菜单中选择地图源，然后选择"地图"→"背景地图"→"设置为默认值"，即可将选择的背景地图指定为 Tableau 默认地图源。

2．脱机工作

在使用联机地图创建地图视图时，Tableau 会将构成地图的图像存储在缓存中。这样在进行分析时，就不必等待检索地图。同时，通过存储地图，可以在设备脱机时仍使用部分地图进行分析。地图的缓存将随 Internet Explorer 的 Internet 文件一起存储，删除 Internet Explorer 中的临时文件即清除了地图缓存。

在脱机工作并打开地图视图时，将自动使用存储的图像。若之前未缓存地图视图，在"地图"菜单中选择"背景地图"→"脱机"，Tableau 也可展示国家级别的地图。不过，当需要检索新的地图时，如果缓存中无该图像，则在联机之前将无法加载该地图。下面列出了要检索新的地图的主要操作。

1）打开层：如果打开未存储在缓存中的层，例如在地图选项中，设置打开"州/省名称"等地图层，则 Tableau 需要进行网络连接以检索所需信息。

2）缩放：放大或缩小地图需要不同的地图图像，如果缓存中不存在指定缩放级别上的图像，则 Tableau 需要检索新的地图。

3）平移：如果脱机工作并且未将所需地图图像存储在缓存中，则不会加载新图像。为防止地图图像信息过时，存储的地图图像在 30 天内有效，之后 Tableau 将不使用存储的图像，而是要求重新连接并获取更新的地图。

3．无背景图

不包含背景图，只在纬度轴和经度轴之间显示数据。

4．WMS 服务器

Tableau 可以添加特定行业的 WMS 服务器来作为 Tableau 的地图源，在添加了 WMS 地图服务器之后，可以导出地图源和他人共享，也可以导入共享的地图源。

1）添加 WMS 服务器：选择"地图"→"背景地图"→"添加 WMS 地图（W）..."，单击"确定"按钮，弹出对话框，在弹出的对话框中添加该服务器的 URL，然后单击"确定"按钮。如图 7-21 所示。

可以添加多个服务器，添加的每个 WMS 服务器将显示为"背景地图"菜单中的背景地图，存储在工作簿中，以供其他使用此工作簿的用户使用。

2）导出 WMS 服务器：选择"地图"→"背景地图"→"地图管理"，选择要另存为地图源的地图，单击"导出"按钮，弹出对话框，为文件输入名称，选择存储位置，最后单击"保存"按钮，生成地图源（.tms），如图 7-22 所示。

导出的地图源包括设置好的任何默认地图层的内容，如需更改地图层选项默认设置，则应再次导出地图源以更新所有设置。

3）导入地图源：选择"地图"→"背景地图"→"管理地图"，单击"导入"按钮，导航到保存地图源文件（.tms）的位置，选择地图源文件，单击"打开"按钮。

5．Mapbox 地图

可以将 Mapbox 地图添加到用户的工作簿，或者使用它们在 Tableau 中创建地图视图，也可以将 Mapbox 地图另存为 Tableau 地图源（.tms），以供他人使用。

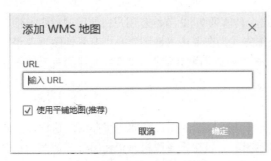

图 7-21　添加 WMS 地图

图 7-22　生成地图源

1）添加 Mapbox 地图：选择"地图"→"背景地图"→"Mapbox 地图"，在弹出的"添加 Mapbox"对话框中，输入样式名称和要添加的 Mapbox 地图样式的 URL，完成时单击"确定"按钮。

2）导出 Mapbox 地图和导入 Mapbox 地图的操作方法同 WMS 服务器导出和导入一致。

7.5.2　自定义地理编码

如果有大量地理角色字段中的地理位置无法被 Tableau 自动识别，则需要通过导入自定义地理编码来扩充 Tableau 的地理信息库。自定义地理编码只适合于创建符号地图。下面介绍扩充和管理地理信息库的方法。

1．自定义地理编码文件

扩充地理信息库时，需要将新地理角色及其经度、纬度数据信息整理成 CSV 格式的数据源，然后将文件导入。下面是两种自定义地理编码的方法。

（1）扩展现有的地理角色

这个方法可以对现有地理角色进行扩充，Tableau 数据源中的现有地理位置信息不够全面完善，例如，Tableau 只能自动识别出人口多于 1 万且政府公开地理信息的城市，因此，原有的地理信息库中的城市信息并不完善，通过扩展现有的地理角色可以扩大可识别的城市范围。

在自定义编码中，CSV 文件中的列名即是地理角色名称，因此列名必须与 Tableau 中现有的地理角色名称一致，并且要包括所有上级地理角色。如"示例-超市"数据中以要扩展"城市"这个地理角色为例，未识别出的部分城市信息如图 7-23 所示。

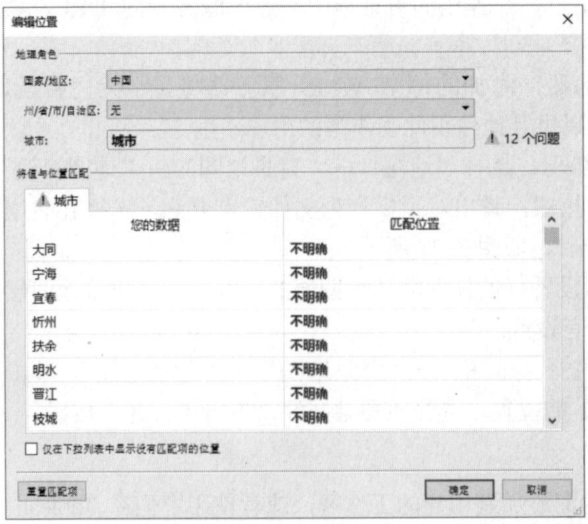

图 7-23　未识别出的部分城市信息

现在需要对现有地理角色进行扩展，地理编码文件应如表 7-4 所示，数据结构保持一致。并且在整理数据时不能出现重复的经度、纬度信息，否则会因为 Tableau 不能区分地理位置而导致导入文件失败。

表 7-4　扩展现有地理角色示例

国家/地区	州/省/市/自治区	城市	经度	纬度
中国	山西	大同	113.3	40.12
中国	浙江	宁海	121.42	29.30
中国	江西	宜春	114.38	27.80
中国	湖北	忻州	112.73	38.42
中国	吉林	扶余	126.02	44.98
中国	山东	明水	125.90	47.18
中国	福建	晋江	118.58	24.82
中国	浙江	枝城	111.27	30.23

（2）添加新的地理角色

除了扩展现有的地理角色外，还可以添加新的地理角色。

【例 7-3】　添加一个新的地理角色。

使用"示例-超市"数据，在地图上显示"区域"，添加一个"办公地址"地理角色，且让其保存在"国家/地区"→"州/省/市/自治区"→"城市"的现有分层结构之下。步骤如下：

导入文件必须包括现有分层结构中的每级地理角色，这样才能保证各级地理角色之间构建联系。例如，要将"办公地址"添加到现有的分层结构之下，导入文件必须包含"国家/地区""州/省/市/自治区"和"城市"级别的所有列，如表 7-5 所示。

表 7-5　添加新的地理角色示例

国家/地区	州/省/市/自治区	城市	办公地址	经度	纬度
中国	江苏	镇江	办公室 A	119.43	32.13
中国	江苏	镇江	办公室 B	119.44	32.15
中国	江苏	镇江	办公室 C	119.42	32.17

导入"办公地址"编码文件后，会在分配地理角色中出现"办公地址"选项，如图 7-24 所示。

2. 导入自定义编码文件

在创建好自定义地理编码 CSV 文件后，将文件导入 Tableau，操作步骤为：选择"地图"→"地理编码"→"导入自定义地理编码"，然后选择包含自定义编码文件的文件夹，单击"导入"按钮，Tableau 会扫描所有文件夹中的 CSV 文件，导入成功后，新的地理角色变为可用，然后数据中的地理数据可以被分配到新的地理角色。

3. 管理自定义编码文件

可以通过"地图"→"地理编码"→"移除自定义地理编码"来移除 Tableau 中已经导入的自定义地理编码。

可以通过"地图"→"地理编码"→"刷新自定义地理编码"来更新 Tableau 中已经导入的自定义地理编码。

图 7-24 添加"办公地址"地理角色

7.5.3 自定义背景图像

Tableau 可根据用户的需求添加图片作为背景图像，可以自定义背景从而改变数据的展示形式，根据数据结构选择最适合的背景图像，也可以将 Tableau 不支持的地图细度进行扩展。

【例 7-4】 利用数据自定义背景图像。

使用"浙江省超市数据.xls"，创建自定义背景地图。步骤如下。

1. 导入背景图像

首先，单击图片，查看图片属性，在"详细信息"中查看图片的宽度和高度，本例中图片的宽度和高度分别为 1890、1890。然后在"浙江省超市数据"中新增两个字段 X、Y，并新增一行数据行，其中 X 字段为图片的宽度 1890，Y 字段为图片的高度 1890，将数据与 Tableau 连接，采用的连接方式是实时连接。

在 Tableau 菜单栏中选择"地图"→"背景图像"，选择数据源，单击"添加图像"，弹出"编辑背景图像"对话框，单击"浏览"按钮，选择要导入 Tableau 作为背景图像的图片，并且可以修改图像名称。将 X 字段映射到图像 X 轴，Y 字段映射到图像 Y 轴，设定 X 字段的右边最大值为图像的宽度 1890，Y 字段的上边最大值为图像的高度 1890，如图 7-25 所示。

将度量窗口中的 X 字段拖入列功能区，将 Y 字段拖入行功能区，即可导入图像，如图 7-26 所示。

在成功导入背景图像后，可以对添加的背景图像进行编辑，操作步骤为：在 Tableau 菜单栏中选择"地图"→"背景图像"，弹出"背景图像"对话框，在对话框中选择已经成功添加并且要进行编辑的背景图像，单击"编辑"（或双击图像名称），弹出"编辑背景图像"窗口，在该窗口下可以调整图像的导入设置，也可以在"选项"功能中进行设置。其中，"锁定纵横比"即保持图像原始比例，若取消勾选，则是允许图像变形；"始终显示整个图像"即保持图像的完整性，不允许裁剪图像，若已经将两个轴都锁定，则此选项无效；"仅在以下时间显示"即相当于给图像添加了筛选条件，在规定的某个特殊时间显示此背景图像。

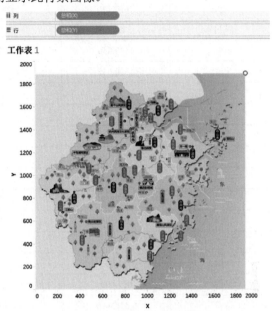

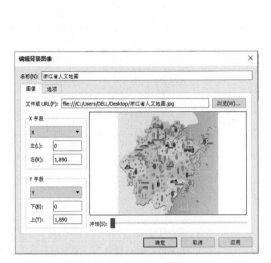

图 7-25　编辑背景图像

图 7-26　导入背景图像

2. 准备展示数据

在添加成功背景图像后，要对各信息点进行定位，定位出 X 轴、Y 轴的坐标，操作步骤为：在背景图像中，选择需要进行定位的某点，右键单击，选择"添加注释"，再选择"点"，即可弹出"编辑注释"窗口，如图 7-27 所示，单击"确定"按钮，即可定位出需要定位的信息点的坐标，如图 7-28 所示。

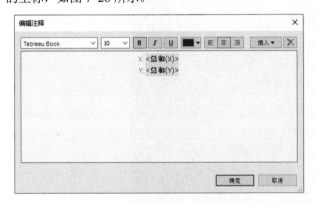

图 7-27　添加注释，定位坐标

图 7-28　添加注释后的视图

📖　对注释所指出的点的位置可用鼠标任意拖动改变，此时 X、Y 轴的坐标会随着位置的改变而改变。

可以根据注释所显示的 X、Y 轴的坐标信息，在源数据中为每个城市的 X、Y 两列中添加坐标信息，添加完的效果如表 7-6 所示。

表 7-6　为数据源添加X、Y字段

城市	销售额	利润	X	Y
杭州	129.696	−60.704	860.103	1404.914
温岭	1638.336	−464.464	1327.092	583.713
宁波	1390.032	−486.528	1412.931	1245.574
椒江	658.14	−33.46	569.253	982.088
温州	1117.368	−37.632	1063.647	426.79
金华	1586.256	105.616	657.122	901.949
嘉兴	195.72	−101.22	1095.325	1625.248
衢州	185.976	−27.944	341.501	854.722
义乌	780.864	−299.376	824.822	987.246
湖州	780.864	−299.376	848.48	1683.143
绍兴	621.18	−93.52	1020.411	1297.687
余姚	321.636	32.116	1236.326	1326.914
兰溪	422.604	−84.756	569.253	982.088
诸暨	551.04	−303.66	895.606	1175.026

3．构建视图

在源数据中添加坐标信息以后，在 Tableau 数据源中刷新数据源，在工作表中将"城市"拖动至"标记卡"的"详细信息"标记，将度量窗口中的"销售额"拖至"标记卡"的"大小"标记，将"城市"拖至"标记卡"的"标签"标记，即可生成符号地图。本例是以各城市超市销售额为大小在背景图像上做展示，如图 7-29 所示。

图 7-29　自定义背景图像展示

本章小结

本章中，介绍了 Tableau 地图的基本功能和进阶功能，可以快速创建地图视图，主要包括符号地图和填充地图的生成、两张地图的合并以及地图在数据分析中的应用等，从而在大量数据中展现出隐含的、为决策提供帮助的信息。

通过自定义地图，可以实现用户对地图的多元化需求，以便用户获得与地理位置相关的分析见解，本章介绍了克服 Tableau 提供的地图较为单一的方法，从而实现对地图的定制功能。

地图功能实现了在大量数据中提取与地理位置相关信息并进行分析的功能，使数据更直观、更美观地展现，并且使数据更具可读性，满足用户对数据分析的进一步需求。

习题

1. 概念题

1）符号地图、填充地图、混合地图的优点分别是什么？适用于什么类型的数据分析？

2）使用 Tableau 创建地图时，地图源分别有哪些？

2. 操作题

对"示例-超市"数据进行以下分析：

1）对数据中各省/自治区的销售额在地图上进行分析，根据销售额在地图上创建饼图，并对各类别商品在销售额中的占比进行分析。

2）在地图上显示"华东"地区各城市的利润，并对数据进行分析，美化地图。

3）自定义山东省背景地图，并在地图上显示各城市销售额。

第 8 章
Tableau 仪表板

前面详细介绍了各种图表的制作，运用 Tableau 可以制作出美观规范的图表。然而实际情况中往往需要的是多张图表的综合分析，这时就需要仪表板了。本章主要介绍 Tableau 仪表板的相关概念以及操作。

本章所有的分析内容用到的数据源是"豆瓣电影数据"，每条记录包括电影名字、电影评分、电影类型等字段信息。

8.1 创建仪表板

仪表板是将多个单独的工作表放在同一个表盘里，使分析人员不是单独地只从一个方面分析数据，而是能够从多个角度进行分析，得出综合的、整体的结论。在仪表板中，用户可以添加一些动作使整个仪表板的分析内容更具有交互性。本节主要介绍如何创建仪表板以及仪表板的相关操作。

8.1.1 仪表板界面

在创建仪表板之前，用户需建立几个工作表，以便在后续的仪表板的分析中使用。本节根据"豆瓣电影数据"数据源文件，首先创建 5 个图表工作表，分别为"不同类型电影数量""电影地区与评分树状图""电影类型气泡图""电影数量和评分折线图"以及"类型凹凸图"，以便后续使用。

在 Tableau 中新建仪表板十分简单，主要有两种方式。第一种是在菜单栏中单击"仪表板"→"新建仪表板"；第二种是在标签中单击"新建仪表板"来创建新的仪表板（见图 8-1）。Tableau 软件会自动生成仪表板名称，第一个仪表板默认名称是"仪表板 1"，第二个为"仪表板 2"，以此类推，之后可以右键单击仪表板名称进行"重命名"或者双击仪表板名称标签进行更改。

新建仪表板之后，Tableau 软件会自动生成一个仪表板界面。在仪表板界面中有相应全面的板块，如菜单栏、工具栏、标签栏、仪表板窗口等板块（见图 8-2）。其中菜单栏、工具栏以及标签栏在这里不再赘述，本节主要介绍其他板块。

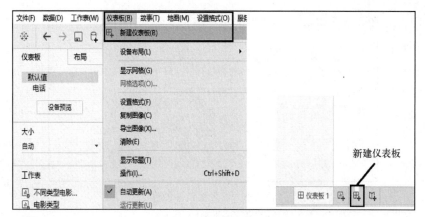

图 8-1　新建仪表板

图 8-2　仪表板界面

在仪表板窗口，通过"设备预览"，用户可以看到该仪表板将来发布在不同的设备上所显示的形式。"设备预览"一般设置为"默认值"，如图 8-3 所示。

1）大小窗口可以进行整体仪表板的大小的设置（见图 8-4）。其中，"固定大小"指仪表板的视图窗口保持固定大小。"范围"指仪表板的视图区可以在指定的最大与最小范围之间进行变化。"自动"指仪表板会自动调整大小以填充整个仪表板的窗口。"自定义大小"即用户可以自行设置仪表板的大小，也可以在"自定义大小"的下拉栏里进行选择。一般情况下，仪表板"大小"都会设置成"自动"。

2）工作表窗口列举了已创建的所有工作表，在新建工作表之后，工作表窗口会自动更新工作表，保证所有工作表可用，如图 8-5 所示。

3）对象窗口包括除工作表之外可以帮助分析内容的辅助要素，如图 8-5 所示。

4）布局窗口包括平铺放置和浮动放置两种工作表放置方式，用户可以适当选择放置方式进行仪表板的创建。

5）视图区是创建和调整仪表板的工作区域，用户可以在里面添加工作表以及各类对象。所有仪表板的分析内容都在视图区显示。

6）了解完仪表板界面以及所有窗口所支持的功能之后，用户就可以初步尝试进行仪表板的创建。

图 8-3　仪表板设备预览

图 8-4　仪表板大小设置

图 8-5　工作表和对象窗口

8.1.2　仪表板布局

在前面已经创建了 5 个图表工作表，这些工作表都会自动显示在工作表窗口中，之后用户可以双击某个工作表或者分别拖放 5 个工作表进入视图区，从而创建出仪表板，并将仪表板进行重命名。在创建仪表板时，首先要考虑的是仪表板的布局方式和格式的设置。

1．布局方式

仪表板的布局方式有两种，分别是平铺布局和浮动布局。

在创建新的仪表板时，Tableau 自动默认是平铺布局。在添加工作表时，Tableau 会根据整个仪表板的大小以及工作表或对象的大小自动调整高度与宽度，同时用户也可以自己手动调整摆放位置或拖动边缘来调整宽度。但最关键的是各个工作表平行分布且互不重叠，包括每个工作表的图例都在视图区占据一个位置，如图 8-6 所示。

但在仪表板中，平铺布局往往会显得杂乱，如"电影类型气泡图"凸显表的图例在整个仪表板内容的右上角，二者距离太远，同时"不同类型电影数量"工作表的整个板块存在较多空旷、白板等问题。仅仅是添加简单的工作表，仪表板的布局就显得十分不合理，而在实际工作中工作表往往会更加复杂，这些问题的存在对于非制作人员来说看起来可能会有些吃力，因此大部分情况下，仪表板的制作人员都会运用浮动布局来调整整个仪表板的内容。

浮动布局表示所选工作表或者对象浮动并且覆盖展示于背景视图中，此时用户可选择各工作表或对象来随意调整其大小与位置，如"电影类型气泡图"工作表存在较大空白区域，则用户可以通过采用浮动布局的工作表、图例、文本、图像等内容来填充相应的空白区域，从而达到整个仪表板更好的展示效果。

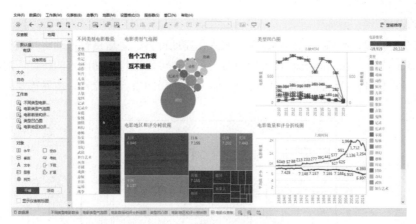

图 8-6　平铺布局仪表板

在仪表板中，每个板块包括图例都可以浮动布局，只要单击右下角箭头，进而选择"浮动"即可；或者先在视图区单击某个图表，之后在工作区选择"布局"→"浮动"即可将其漂浮在整个视图区。浮动放置的对象并不挤占其他图表位置且可以被随意调整大小和位置。本节以"电影数量"图例为例（见图 8-7），让其浮动放置，并适当地调整图例位置，从而得到浮动布局的仪表板，如图 8-8 所示。

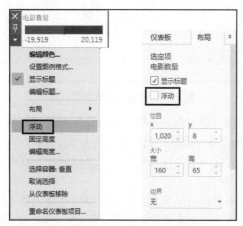

图 8-7　浮动布置仪表板设置

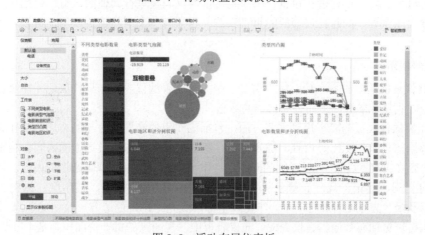

图 8-8　浮动布局仪表板

2．格式设置

上面两个图片仅仅是将"电影数量"图例进行浮动设置，之后进行拖动将其调整到用户想放置的地方。除此之外，在 Tableau 仪表板中布局窗口也可以进行浮动内容的位置、边界、背景等设置，其中布局窗口只针对浮动布局的内容，而平铺布局的内容的位置、边界等是固定的，不能够随意地更改，如图 8-9 所示。

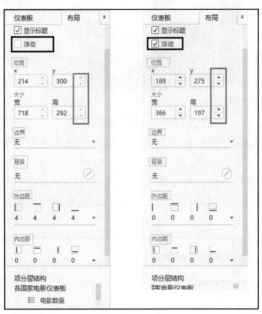

图 8-9　平铺布局与浮动布局

在放置工作表之后，用户可以单击菜单栏"仪表板"→"设置格式"或者单击菜单栏"设置格式"→"仪表板"对其格式进行设置，包括仪表板标题、仪表板阴影、工作表标题和文本标题。其中仪表板的标题设置可以单击"仪表板"→"显示标题"或者在仪表板窗口进行勾选，如图 8-10 所示。

仪表板的阴影即整个仪表板的背景颜色，可以对其进行颜色以及阴影百分比的调整；仪表板标题和工作表标题都可以进行标题文字内容、大小、颜色、对齐方式等设置（见图 8-11）；文本对象也可以对大小以及位置进行设置。用户也可以对仪表板进行其他的设置，包括显示网络、复制图像、导出图像等。同时在仪表板的每张表右上角都有一个下拉箭头，用户可以对工作表进行编辑。

3．仪表板示例

在了解仪表板基本内容之后，用户需要清楚大致完善的仪表板布局样貌，才能够在之后的学习和工作中做到熟练掌握，进而提高自己的数据分析能力。

一个完善的仪表板需要考虑到很多方面，包括工作表的布局、对象的布局、工作表内容的信息量以及数据信息颜色配比等内容。综合来说，就是视觉编码与视觉通道的内容。视觉编码和视觉通道的内容在第 1 章已经有了详细的介绍，在本节中主要会用到视觉通道的内容。视觉通道的类型主要有空间、标记、尺寸、颜色、亮度、饱和度、位置、色调、透明度、方向、形状、纹理、动画以及配色方案这 14 种类型。牢记"空标尺颜亮饱位；色透方形纹动配"14 个字，将其充分运用，可以更加有效地创建仪表板。在仪表板中，视图区的每一份面积都是十分珍贵的。

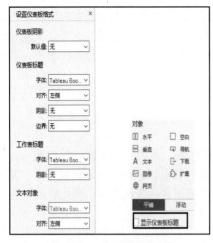

图 8-10　仪表板格式设置

图 8-11　标题格式设置

📖　创建仪表板用到的视觉通道不需要太多，应尽可能地少，因为太多了反而会造成视觉系统的混乱，读取信息更难。

为了使用户能够清晰了解仪表板的布局内容，本节选取几张仪表板图片作为示例，如图 8-12、图 8-13 所示。

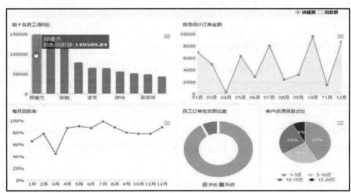

图片来源：百度图片

图 8-12　仪表板示例 1

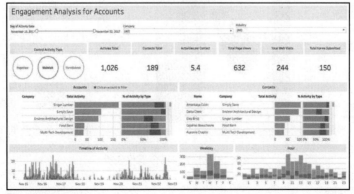

图片来源：百度图片

图 8-13　仪表板示例 2

从示例中可以简单看出，仪表板应尽量选取相近的颜色，不要留有多余的空白面积，内容信息尽量丰富，若研究的数据内容处于某一环境下，可以考虑进行仪表板背景的处理。在创建仪表板时，每个人都需要在心中牢记视觉通道的 14 字类型，从而创建出较为完善的仪表板，以便于后续的数据分析。

8.2　仪表板辅助

仪表板窗口主要包括仪表板大小设置、布局方式以及对象。前面介绍了仪表板的布局、格式的设置以及仪表板的示例，本节主要介绍辅助仪表板创建的对象窗口。在 Tableau 软件中，文本、图像、网页、空白等都可以被当作对象添加至仪表板中，从而丰富仪表板内容，优化展示效果。

8.2.1　布局容器

前述的仪表板添加了 5 张工作表，但实际中 5 张工作表可能并不能满足工作的需要，在一个仪表板里面拥有七八张工作表都是正常的，因此很多工作表或者图例都需要在仪表板中进行布局设置。然而将每个图表都进行手动浮动布局的操作太复杂烦琐，因而可以运用对象窗口中的"布局容器"来辅助仪表板的创建。

"布局容器"是仪表板的布局框架，分为水平布局容器和垂直布局容器两种，用来放置工作表、筛选器、图例、图片、文本、网页等内容。

1．水平布局容器

水平布局容器为仪表板视图区横向左右布局。起初用户先单击"对象"窗口中的"水平"或将"水平"拖至视图区，之后可以通过双击工作表或对象的方式将二者添加到视图区中，此时 Tableau 会自动调整工作表或对象的宽度（见图 8-14），同时用户也可以手动拖动工作表或对象的边缘来进行宽度的调整。从图中可以看到，在水平布局放置工作表时，整个仪表板默认是"平铺布局"，并且工作表的图例都放在了仪表板的最右边，占据了部分位置。若需要的话，用户也可以手动进行某些部分的调整，从而使整个仪表板的展示内容达到最好的效果。

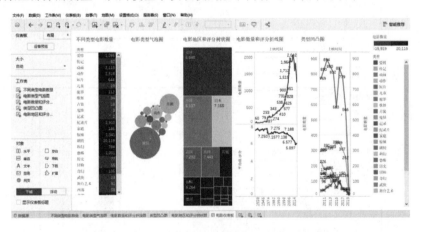

图 8-14　水平布局容器仪表板

2．垂直布局容器

垂直布局容器为仪表板视图区纵向上下布局。起初用户先单击"对象"窗口中的"垂直"或将"垂直"拖至视图区，之后可以通过双击工作表或对象的方式将二者添加到视图区中，此时 Tableau 会自动调整工作表或对象的宽度，但此时可能会由于某些工作表高度过高，会导致在整个仪表板视图区无法完全显示所有工作表（见图 8-15），因此，此时就需要用户手动拖动工作表的边缘来调整工作表的高度，使其合理显示在仪表板视图区中（见图 8-16）。同样，在垂直容器中，整个仪表板默认是"平铺布局"，并且每个工作表的图例都放在了仪表板的最右边，占据了部分位置。

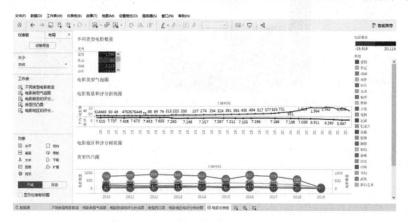

图 8-15　垂直布局容器自动生成仪表板

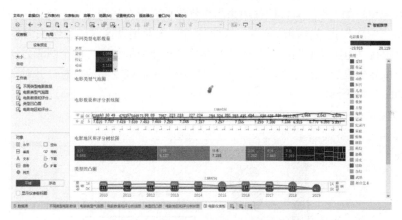

图 8-16　垂直布局容器手动调整仪表板

从图 8-14～图 8-16 可以看出，不论是水平布局容器还是垂直布局容器都只针对工作表，而对图例并没有影响，图例则放在了整个视图区的最右边，若用户需要的话可以对其进行位置的拖动调整。同时，由于在仪表板中存在 5 张工作表，单纯使用垂直布局容器不能够清晰地反映图表问题，因此仪表板的设计需要考虑混合布局方式。

3. 混合布局

上面介绍了单独的"水平"布局或"垂直"布局，但单独的布局方式往往不能清楚反映实际问题，因此大部分情况下会运用二者的综合布局方式，使仪表板看起来更加清晰美观。比如混合布局是在整体的仪表板视图区中添加"水平"容器，将"不同类型电影数量"工作表添加到"水平"容器，之后添加"垂直"容器，将"电影类型气泡图"以及"电影地区与评分树状图"添加到容器中，最后在视图区加入"垂直"容器，再将"类型凹凸图"与"电影数量和评分折线图"两张工作表加入到"垂直"容器，则得到整体仪表板，如图 8-17 所示。

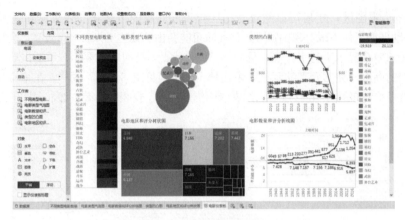

图 8-17　混合布局仪表板

8.2.2　布局工具

在创建仪表板时，往往需要工具的辅助来优化仪表板整体的布局。在布局窗口中的布局工具主要包括空白、文本、图像和网页。

1．空白

空白是对象窗口的一个工具，往往用来当作优化仪表板布局的工具，使其更加美观。在操作时用户可以将"空白"拖放在相应位置，同时通过单击并拖动区域的边缘来调整空白对象的大小。比如用户想让"电影类型凹凸图"和"电影数量和评分折线图"两个图表之间存在一些空白区域，使仪表板显得更加美观整洁，可以单击"空白"将其拖至相应位置，并对宽度大小等进行适当调整，如图 8-18 所示。

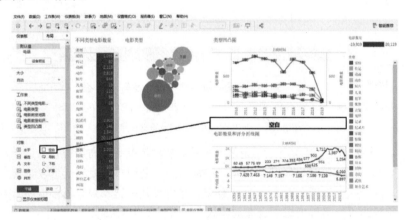

图 8-18　添加空白对象

2．文本

文本是对象窗口的一个工具，通过文本对象，用户可向仪表板添加文本块，从而添加标题、说明等。在操作时用户可以将"文本"拖放在视图区相应位置，之后会弹出一个文本框（见图 8-19），用户可以自行进行文字的编辑以及大小、对齐方式、字体颜色等设置，同时通过单击并拖动区域的边缘调整文本对象的大小。默认情况下，文本对象是透明的，用户可以在"设置格式"→"仪表板"→"仪表板阴影"进行设置。

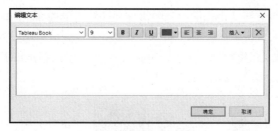

图 8-19　文本对象设置

用户可以编辑相应文字，添加说明、摘要、标题等，比如添加文字"电影数量与评分情况分析"并对文字格式进行设置，之后将文本放在仪表板视图区相应位置调整，同时用户可以单击文本对象从而拖动边缘进行高度、宽度的调整，如图 8-20 所示。

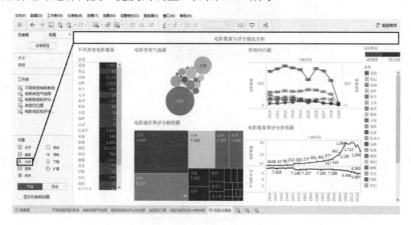

图 8-20　添加文本对象

3. 图像

图像是对象窗口的一个工具，通过图像对象，用户可以向仪表板中添加静态图像文件，比如电影海报、各地风景图片等。在操作时用户可以将"图像"拖放在视图区相应位置，之后会弹出一个选择框，系统会提示从计算机中选择图像（见图 8-21）。用户也可以对整个图像对象进行调整，使其"适合图像"或"使图像居中"。

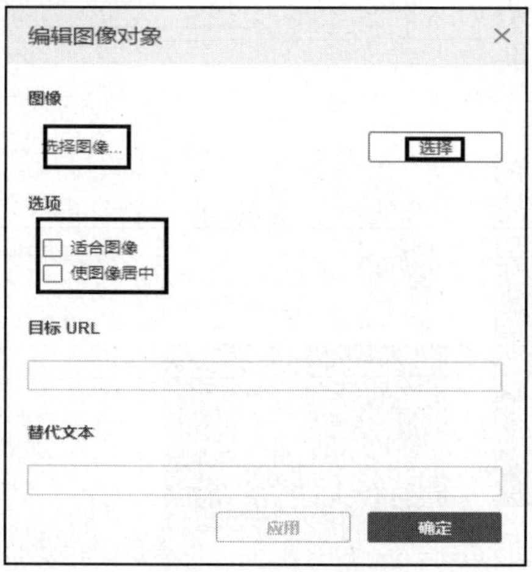

图 8-21　编辑图像对象

用户可以根据整个仪表板的内容或自己的需要在计算机中选择相应的静态图像，之后自行勾选"适合图像"和"使图像居中"选项，本节以《美丽人生》电影海报为例（见图 8-22）。用户可以通过拖拽来调整整体图像的大小，同时 Tableau 也允许为图像添加网页链接 URL。

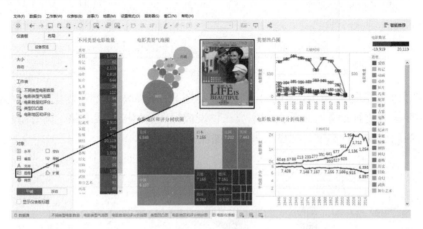

图 8-22　添加图像对象

4．网页

网页也是对象窗口的其中一个工具，通过网页对象，用户可以将网页嵌入到仪表板中，以便将 Tableau 工作表的内容与其他应用程序中的信息进行组合。添加完成后，链接将自动在仪表板中打开，而不需打开浏览器窗口。在操作时用户可以将"网页"拖放在视图区相应位置，之后会弹出一个网页链接框（见图 8-23），用户可以编辑网址链接来添加网页对象。

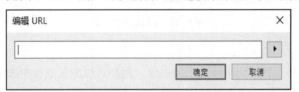

图 8-23　网页对象设置

比如用户可以直接添加百度搜索引擎的网址（http://www.baidu.com），之后单击"确定"按钮即可将网页镶嵌到仪表板中，如图 8-24 所示。

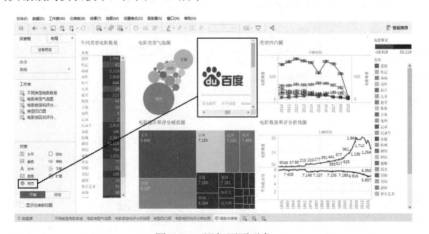

图 8-24　添加网页对象

　　Tableau 也提供在图像上添加网址链接 URL，即在添加"图像"对象时，在"编辑图像对象"选项卡中单击"目标 URL"编辑，选择"应用"→"确定"。因此，用户在单击图像对象时，Tableau 会自动跳转浏览器，进入百度搜索引擎界面（见图 8-25 和图 8-26）。

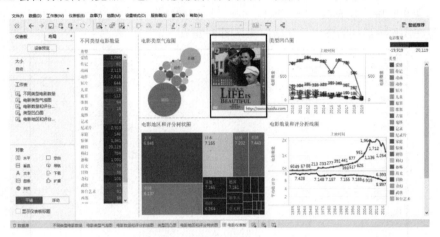

图 8-25　在图像对象上添加 URL

图 8-26　自动跳转浏览器界面

8.3　仪表板动作

　　在仪表板初始构建之后，用户可以在仪表板中进行交互操作。交互操作是指当用户单击某个工作表或者对象时，仪表板上面的其他工作表或对象也能够进行关联并展示对应的内容。通俗来讲，当用户单击"不同类型电影数量"工作表中的"剧情"时，其他的工作表也可以显示出"剧情"的相关内容。

　　Tableau 主要提供三种交互动作，包括添加"突出显示"动作、"筛选器"动作和"URL"动作。

8.3.1　突出显示动作

　　"突出显示"动作指当用户选择某张工作表的某个点或多个点时，相关联的工作表也会凸显该点所属的数据。"突出显示"动作可以淡化未被选择的所有内容，高亮选择的内容，引起人们注意选择的标记，从而实现在视图或者图例中的突出显示。

在仪表板中添加"突出显示"动作的方法有两种：第一种为最简单的方法，使用"荧光笔"图标从图例打开"突出显示"，单击某个类别将突出显示该类别的所有标记（见图 8-27）；另一种方法是单击菜单栏中"仪表板"→"操作"→"添加操作"→"突出显示"，此时从表中可以自动生成已经在图例中添加的突出显示动作（见图 8-28）。

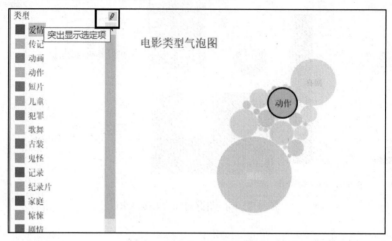

图 8-27　突出显示标记

图 8-28　突出显示动作

"突出显示"在操作时会有源工作表和目标工作表，源工作表为仪表板中包含的所有工作表，目标工作表为添加动作的工作表。操作可以由鼠标"悬停""选择""菜单"等各种形式激活，也可以作为工具提示中的菜单选项激活（见图 8-29）。Tableau 运行"突出显示"操作时的方式默认为"选择"，即鼠标单击相应内容；"悬停"表现为当鼠标悬停在任何地方时，底部图表中位于同一字段的所有标记都将突出显示；"菜单"表现为相应内容出现在工具提示中，单击工具提示中的动作名称从而实现相关动作操作。

8.3.2　筛选器动作

"筛选器"动作指当用户选择某张工作表的某个点或多个点时，相关联的工作表也会只显示某个点或多个点所代表的数据。"筛选器"动作与"突出显示"动作一致，都涉及源工作表和目标工作表，当用户添加筛选器操作后，在选择"源工作表"的某个特定对象时，其余的"目标工作表"也会展示与选择对象相匹配的内容。"筛选器"动作也包含三种激活方式："悬停""选择"和"菜单"。

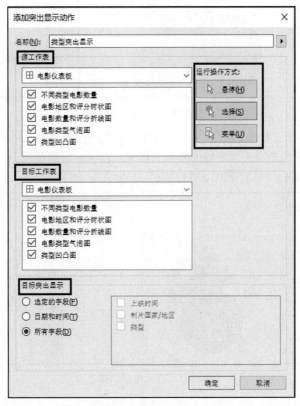

图 8-29　添加突出显示动作

在仪表板中添加"筛选器"动作的方法有三种。

1）选择仪表板某个工作表，单击右上方下拉菜单箭头，选择"筛选器"相应创建筛选器动作。此种方法生成的筛选器会以图例的形式出现，在图例中选择筛选条件，筛选条件只针对该工作表。本节以"电影类型"工作表为例，Tableau 默认动作激活方式为"选择"（见图 8-30 和图 8-31）。

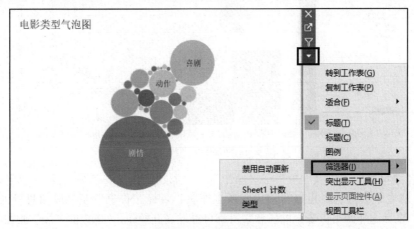

图 8-30　筛选器操作

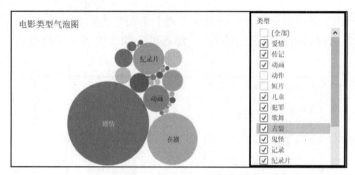

图 8-31　筛选工作表

2）选择仪表板某个工作表，单击右上方漏斗形状"用作筛选器"按钮，自动生成筛选器。此种方法自动生成的筛选器用于仪表板的所有工作表，没有多余的图例出现。本节以"电影类型气泡图"工作表为例（见图 8-32 和图 8-33）。

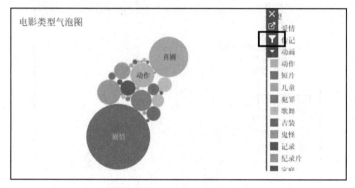

图 8-32　自动生成筛选器

当用户添加筛选器操作后，在选择工作表的某个特定对象时，其余的所有工作表都会展示与选择对象相匹配的内容。

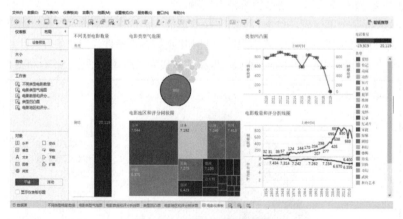

图 8-33　"剧情"类型筛选

3）选择菜单栏中的"仪表板"→"操作"→"添加操作"→"筛选器"，以创建筛选器动作。此种方法生成的筛选器可以自由设置源工作表、目标工作表以及字段信息等内容。其中，"所有字段"表示选择源工作表中的任意字段都可触发交互操作，"选定的字段"则需要编辑相应字段添加筛选器，如图 8-34 所示。

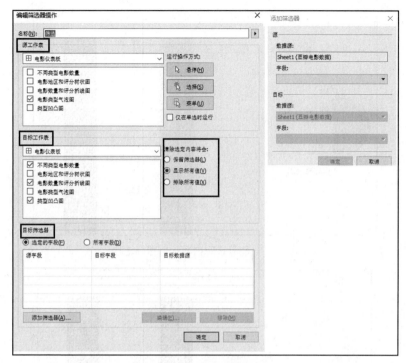

图 8-34　添加筛选器动作

比如，在源工作表中勾选"电影类型"工作表，在目标工作表中勾选"不同类型电影数量""电影数量和评分折线图"和"类型凹凸图"三种工作表，唯独留下"电影地区和评分树状图"作为筛选器对比，进而选择"所有字段"来添加筛选器。该筛选器表示用户单击源工作表的某个特定对象时，目标工作表中选择的工作表都会展示与选择对象相匹配的内容，不选择的工作表则没有任何变化，如图 8-35 所示。

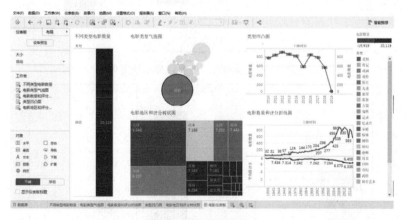

图 8-35　源工作表筛选

与其他筛选动作不同的是，第三种方式创建的筛选动作涉及"清除选定内容将会"工作板块。"清除选定内容将会"板块的用途是当用户取消源工作表中的某个点时，被过滤的工作表中的数据怎么显示："保留筛选器"指当用户取消源工作表中的某个点时，目标工作表依旧显示筛选结果（见图 8-36）；"显示所有值"指用户取消选择时，工作表显示所有的数据（见图 8-37）；"排除所有值"指用户取消选择时，工作表不显示任何数据（见图 8-38）。

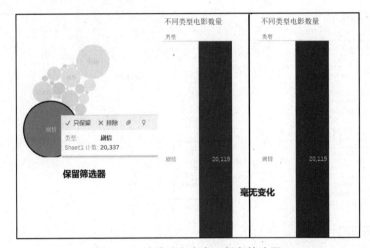

图 8-36 清除选定内容：保留筛选器

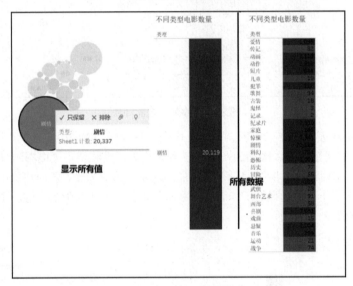

图 8-37 清除选定内容：显示所有值

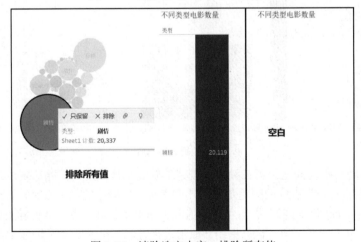

图 8-38 清除选定内容：排除所有值

8.3.3　URL 动作

"URL"动作指当用户选择某个 URL 时，可以跳转至该 URL 所链接的页面。"URL"动作在操作时与前两种不同，"URL"只涉及源工作表，不涉及目标工作表，同时"URL"操作可包含字段值作为动态输入，使链接与数据相关。"URL"动作与"突出显示"和"筛选器"动作一样，也包含三种激活方式："悬停""选择"和"菜单"，但"URL"动作默认以"菜单"方式激活。

在仪表板中添加"URL"动作的方法是选择菜单栏中的"仪表板"→"操作"→"添加操作"→"转到 URL"。用户可以添加相关 URL 网址链接，使在选择源工作表的特定对象时弹出需要展示的网页。

将字段作为动态输入的"URL"操作可以在命名操作中完成，单击"名称"右方的箭头，可以获得可用字段的列表，选择相应的字段，之后创建符合字段信息的 URL 链接，完成"URL"操作（见图 8-39）。本节以"百度介绍"为例，选取"制片国家/地区"字段作为 URL 中的动态输入参数字段，根据用户在工作表中选择的"制片国家/地区"，相关的内容信息会直接反馈发送到 URL 链接中，用户也可以及时测试链接是否正确。

图 8-39　动态输入 URL 动作

> 📖　将字段动态输入"URL"动作时，用户需要补全 URL 网址链接，在本例中 URL 的完整地址为：http://www.baidu.com/s?wd=<指标名称>。

回到仪表板，单击地图中的某个国家或地区，工具提示将提供该国家或地区的百度介绍网址链接，工具提示中的链接是操作的名称，名称中包含动态输入，单击该名称会直接跳转到浏览器相关国家或地区的百度介绍页面，如图 8-40 所示。

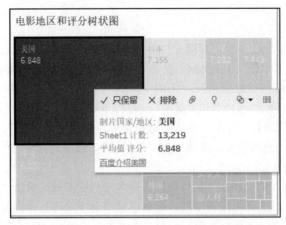

图 8-40　工具提示 URL 链接

📖 当同一对象上有超过两个交互操作时，建议选择设置为"菜单"。如果均为"选择"，则同一次鼠标单击会触发两个交互，展示效果较差。

本章小结

本章详细介绍了仪表板的相关内容，包括创建仪表板、仪表板辅助功能以及仪表板动作。可以发现，Tableau 仪表板的功能十分全面，可以将之前创建的所有工作表联系起来，通过添加一些辅助动作综合分析问题。本章只是简单介绍仪表板相关操作，在后面的章节中可以看到更多的实际应用案例。

习题

1. 概念题

1）仪表板的用途是什么？

2）仪表板的布局方式分为几种，如何选择布局方式？

3）仪表板的辅助功能都包含几种，每种辅助功能的作用分别是什么？

4）仪表板的动作方式分为几种？若同一对象上添加多种动作，添加筛选动作时最好采用哪种激活方式？

2. 操作题

1）调查两种不同风格的数据仪表板，并做列表对比，运用了哪些视觉通道和视觉编码？

2）运用已有数据，熟悉仪表板相关功能，尝试创建仪表板并添加操作。

在第 6 章已经介绍了 Tableau 的十大图表，本章将介绍一些更复杂的高级视图的创建方法。在创建高级视图之前，必须先要掌握一些数据处理的高级操作。在本章中还将具体介绍 Tableau 中常用的图表技巧，以帮助视图界面更为美观。

9.1 数据处理

有时候简单地将数据源中的数据拖放到视图中并不能得到我们想要的视图效果，因此可以通过一些高级数据操作方法对数据进行重构、清洗，这是进行高级可视化分析的基础。

9.1.1 参数

在 Tableau 中可以通过创建参数实现动态交互过程。用户可以通过参数控件手动改变参数值，从而实现与视图的交互。参数创建非常灵活，既可以直接创建，也可以在使用其他功能时创建。应用方式大致可以分为三类。

- 直接创建：选择"维度"右侧的下拉箭头或者右键单击数据窗格中的空白处，选择"创建参数"。
- 基于已有的计算字段、参考线等创建参数：右键单击字段（参考线等），选择"创建"→"参数"。
- 与筛选器结合使用：见例 9-1。

【例 9-1】 以"沪深 A 股"为数据源，创建参数"成交额最高的 N 只股票"。具体操作可以按以下步骤：

1）将维度拖放到筛选器中：先将维度"股票名称"拖放到列功能区，将度量"成交额/亿"拖放到行功能区。为了筛选出成交额最高的 N 只股票，将维度"股票名称"拖放到筛选器中，选择"顶部"→"按字段"。如图 9-1 所示。

2）创建参数：单击输入数值框右侧的下拉箭头，选择"创建新参数"。在弹出的对话框中，为新参数输入名称"成交额最高的 N 只股票"；当前值默认为"10"，表示成交额最高的 10 只股票；"允许的值"选择"范围"，并将"最小值""最大值""步长"分别设置为"1""100""1"，表示可以手动在 1～100 的范围里改变参数值，且改变的步长为 1 个单位。如图 9-2 所示。

图 9-1　数据筛选　　　　　　　　　　　　　图 9-2　设置参数

"允许的值"中三个选项的含义：
- 全部：当前字段中的所有值。
- 列表：设定固定的取值列表。
- 范围：设定固定的取值范围。

3）通过参数控件实现交互：参数创建完成后，数据窗口底部显示已创建的参数，参数前显示图标#。此时参数控件显示在视图右侧，可以通过参数控件改变参数值。若参数控件未显示，可右键单击参数字段，选择"显示参数控件"。如图 9-3 所示。

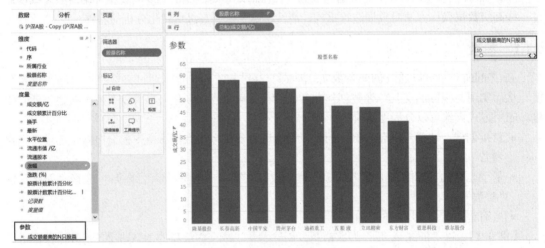

图 9-3　参数控件实现交互

9.1.2　详细级别表达式

详细级别是指数据的聚合度和颗粒度，如果数据的详细级别越高，则数据聚合度越低，颗粒度越高。一般一个可视化视图默认是一个详细级别，如果需要添加一个不同于视图中详细级别的维度到原有视图中，同时不改变原有视图的展现形式，则可以利用详细级别表达式来达到目的，此时无需将添加的维度拖入可视化区域来影响视图。下面将介绍三个详细级别表达式的具体语法以及应用效果。

1. FIXED

FIXED 关键字既可以创建聚合度低于（粒度高于）视图中详细级别的表达式，又可以创建聚合度高于（粒度低于）视图中详细级别的表达式，按照指定维度进行聚合，不参考视图中的其他任何维度。

【例 9-2】 以"超市"为数据源，演示 FIXED 表达式的结果如何独立于视图中的维度。具体操作按以下步骤：

1）创建计算字段：右键单击数据窗格空白处或者单击数据窗口右上角的下拉箭头，选择"创建计算字段"，为计算字段命名为"fixed 地区销售额"，公式输入"{ FIXED [地区]:sum([销售额])}"，单击"确定"按钮。此时 fixed 明确指定按"地区"进行销售额的聚合。如图 9-4 所示。

图 9-4　创建计算字段

2）生成视图：将维度"地区"和"邮寄方式"拖放到列功能区，将度量"销售额"和"fixed 地区销售额"拖放到行功能区，聚合方式都切换为平均值。此时生成的视图中有两个图表，上侧是各地区下不同的邮寄方式的平均销售额情况，下侧是各地区平均销售额情况。从结果上看，下侧图表完全不受"邮寄方式"维度的影响。如图 9-5 所示。

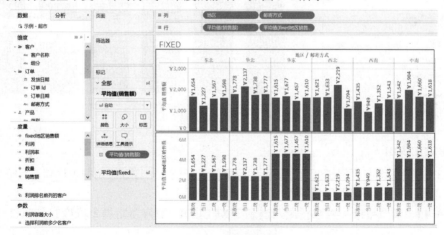

图 9-5　生成视图

2. INCLUDE

INCLUDE 关键字可创建聚合度低于（粒度高于）视图中详细级别的表达式，是在视图中的维度基础之上使用指定维度进行聚合。

【例 9-3】 以"超市"为数据源，计算各地区每笔订单的平均销售额。此时订单的平均销售额需要依赖于汇总每个订单 id 的销售额求和后再取平均，比视图中要显示的地区平均销售额的详细级别更高。具体操作可以按以下步骤：

1）创建计算字段：右键单击数据窗格空白处或者单击数据窗口右上角的下拉箭头，选择"创建计算字段"，为计算字段命名为"每笔订单的销售额"，公式输入"{ INCLUDE [订单Id]:SUM([销售额])}"，单击"确定"按钮。如图 9-6 所示。

图 9-6　创建计算字段

2）生成视图：将维度"地区"拖放到列功能区，将计算字段"每笔订单的销售额"拖放到行功能区。然后单击选择行功能区"每笔订单的销售额"右侧的下拉箭头或右键单击，选择"度量"→"平均值"。此时视图中显示的就是各地区每笔订单的平均销售额。为了便于比较，将度量"销售额"也拖放到行功能区，聚合方式同样切换为平均值。此时生成的视图中有两个图表，上侧是各地区每个产品的平均销售额情况，下侧是各地区每笔订单的平均销售额情况。如图 9-7 所示。

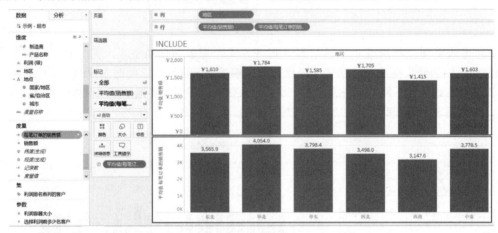

图 9-7　生成视图

3．EXCLUDE

EXCLUDE 关键字可创建聚合度高于（粒度低于）视图中详细级别的表达式，忽略指定维度执行计算，即使视图中使用了该维度。

【例 9-4】　以"超市"为数据源，演示 EXCLUDE 如何忽略指定维度。具体操作按以下步骤：

1）创建计算字段：右键单击数据窗格空白处或者单击数据窗口右上角的下拉箭头，选择"创建计算字段"，为计算字段命名为"忽略地区的销售额"，公式输入"{ EXCLUDE [地区]:SUM([销售额])}"，单击"确定"按钮。如图 9-8 所示。

2）生成视图：将维度"地区"拖放到列功能区，将计算字段"忽略地区的销售额"拖放到行功能区。然后单击选择"忽略地区的销售额"右侧的下拉箭头或右键单击，选择"度量"→"平均值"。此时视图中显示的平均销售额与维度"地区"没有任何关系。为了便于比较，将度量"销售额"也拖放到行功能区，聚合方式同样切换为平均值。此时生成的视图中有两个图表，上侧是各地区每个产品的平均销售额情况，下侧是忽略维度"地区"后的每个产品的平均销售额情况，为固定值。如图 9-9 所示。

图 9-8　创建计算字段

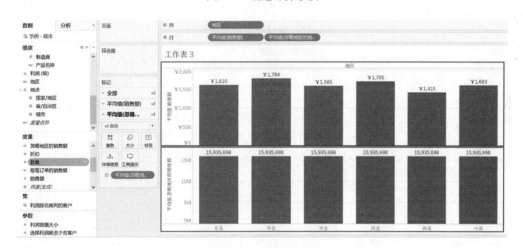

图 9-9　生成视图

9.1.3　表计算

表计算是基于当前视图中维度字段的计算，与数据源中的其他字段没有关系。表计算可以分为快速表计算和自定义表计算。

1. 快速表计算

快速表计算是 Tableau 中内置的部分常用的表计算，能帮助我们快速地使用表计算得到计算结果，其利用的表计算函数在 4.5.3 节已经学习过。

【例 9-5】　以"超市"为数据源，计算各个商品销售额的年际变化。具体操作可以按以下步骤：

1）选定计算所需的字段：将维度"订单日期"拖放到列功能区，将维度"类别"与"子类别"拖放到行功能区，将度量"销售额"拖放到"文本"。此时生成文本表格。如图 9-10 所示。

2）创建"快速表计算"：选择"总和（销售额）"右侧的下拉箭头或右键单击，选择"快速表计算"→"差异"。此时各个商品销售额的年际变化结果直接显示在表格中。表计算创建完成后，表计算字段右侧显示图标△。这里需要提到的是，表计算的默认计算方向是沿着"表（横穿）"相对于"上一个"依次计算，更多的计算方向将在后面介绍。如图 9-11 所示。

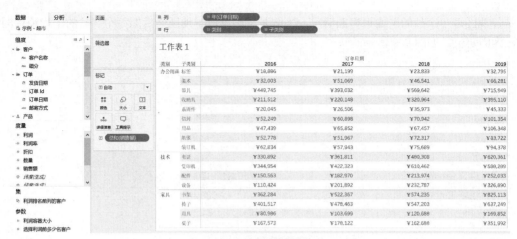

图 9-10　选择计算所需的字段

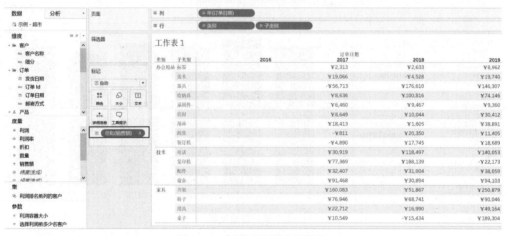

图 9-11　创建"快速表计算"

Tableau 中内置的快速表计算的类型包括以下 11 种。

- 汇总：显示累加值。
- 差异：显示当前值与相对值的差值。
- 百分比差异：显示当前值对于相对值的变化率。
- 合计百分比：显示当前值与之前所有值累加的百分比。
- 排序：显示每个值的排名。
- 百分位：显示每个值当前百分位的百分位值。
- 移动平均：显示当前值与之前指定数目的值的总和的平均值。
- YTD 总计：显示本年迄今总计。
- 复合增长率：显示某一特定时期内的年度增长率。
- 年度同比增长：显示本年相对于上一年同期的增长率。
- YTD 增长：显示本年迄今增长。

根据实际计算需求，可以通过表计算字段右侧的下拉箭头或右键单击，选择"编辑表计算"，更改计算中依据的值。

2. 自定义表计算

自定义表计算是指利用表计算函数创建公式以实现自定义计算。在创建计算字段时，单击对话框中"全部"右侧的下拉箭头，选择"表计算"，就能找到所有的表计算函数。如图 9-12 所示。

图 9-12　创建"自定义表计算"

3. 计算依据

表计算需要根据计算目的确定计算依据，即确定分区字段和寻址字段。分区字段定义计算范围，即执行表计算的作用域；寻址字段定义计算方向，即按横向计算还是按纵向计算。表计算的各个计算依据的含义如下。

1）表（横穿）：沿着水平方向从左到右进行特定的计算。此时表上横向排列的维度为寻址字段，纵向排列的维度为分区字段。如图 9-13 所示。

类别	子类别	2016	2017	2018	2019
办公用品	标签	¥18,886	¥21,199	¥23,833	¥32,795
	美术	¥32,003	¥51,069	¥46,541	¥66,281
	器具	¥449,745	¥393,032	¥569,642	¥715,949
	收纳具	¥211,512	¥220,148	¥320,964	¥395,110
	紧固件	¥20,045	¥26,506	¥35,973	¥45,333
	信封	¥52,249	¥60,898	¥70,942	¥101,354
	用品	¥47,439	¥65,852	¥67,457	¥106,348
	纸张	¥52,778	¥51,967	¥72,317	¥83,722
	装订机	¥62,834	¥57,943	¥75,689	¥94,378
技术	电话	¥330,892	¥361,811	¥480,308	¥620,361
	复印机	¥344,954	¥422,323	¥610,462	¥588,289
	配件	¥150,563	¥182,970	¥213,974	¥252,033
	设备	¥110,424	¥201,892	¥232,787	¥326,890
家具	书架	¥362,284	¥522,367	¥574,235	¥825,113
	椅子	¥401,517	¥478,463	¥547,203	¥637,249
	用具	¥80,986	¥103,699	¥120,688	¥169,852
	桌子	¥167,573	¥178,122	¥162,608	¥351,992

图 9-13　表（横穿）

2）表（向下）：沿着竖直方向从上到下进行特定的计算。此时表上纵向排列的维度为寻址字段，横向排列的维度为分区字段。如图 9-14 所示。

类别	子类别	2016	2017	2018	2019
办公用品	标签	¥18,886	¥21,199	¥23,833	¥32,795
	美术	¥32,003	¥51,069	¥46,541	¥66,281
	器具	¥449,745	¥393,032	¥569,642	¥715,949
	收纳具	¥211,512	¥220,148	¥320,964	¥395,110
	紧固件	¥20,045	¥26,506	¥35,973	¥45,333
	信封	¥52,249	¥60,898	¥70,942	¥101,354
	用品	¥47,439	¥65,852	¥67,457	¥106,348
	纸张	¥52,778	¥51,967	¥72,317	¥83,722
	装订机	¥62,834	¥57,943	¥75,689	¥94,378
技术	电话	¥330,892	¥361,811	¥480,308	¥620,361
	复印机	¥344,954	¥422,323	¥610,462	¥588,289
	配件	¥150,563	¥182,970	¥213,974	¥252,033
	设备	¥110,424	¥201,892	¥232,787	¥326,890
家具	书架	¥362,284	¥522,367	¥574,235	¥825,113
	椅子	¥401,517	¥478,463	¥547,203	¥637,249
	用具	¥80,986	¥103,699	¥120,688	¥169,852
	桌子	¥167,573	¥178,122	¥162,608	¥351,992

图 9-14　表（向下）

3）表（横穿，然后向下）：从第一行开始从左到右进行特定的计算，计算到第一行最后一个位置后跳转到第二行第一个位置，继续进行从左到右的计算，直到计算完最后一行的最后一个位置。此时寻址字段先是横向维度，后是纵向维度，没有分区字段。如图 9-15 所示。

图 9-15　表（横穿，然后向下）

4）表（向下，然后横穿）：从第一列开始从上到下进行特定的计算，计算到第一列最后一个位置后转到第二列第一个位置，继续进行从上到下的计算，直到计算完最后一列的最后一个位置。此时寻址字段先是纵向维度，后是横向维度，没有分区字段。如图 9-16 所示。

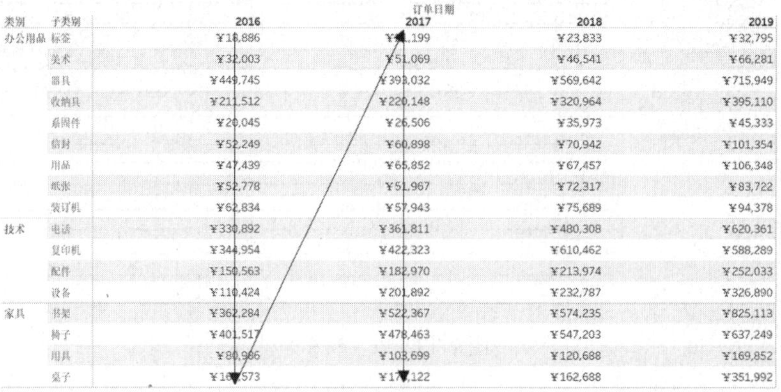

图 9-16　表（向下，然后横穿）

5）区（向下）：对每个分区沿着竖直方向从上到下进行特定的计算。如图 9-17 所示。

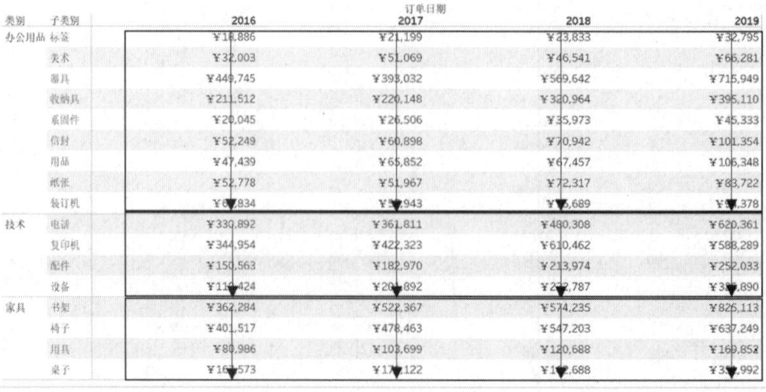

图 9-17　区（向下）

6）区（横穿，然后向下）：对每个分区执行先横穿，然后向下的计算。

7）区（向下，然后横穿）：对每个分区执行先向下，然后横穿的计算。

8）单元格：单元格与自己进行特定的计算。

9）特定维度：选取特定的维度作为寻址字段，目的是当行和列进行交换时，计算结果不会受影响。

9.2　帕累托图

帕累托图是将按照发生频率从大到小的顺序绘制成的条形图，以及按照频率累计和绘制成的累计百分比图相结合的图形，可以看作是"二八定律"的图形化表现。二八定律认为任何一组数据中，重要的只占 20%，其余 80% 都是不太重要的。因此帕累托图常被用来分析导致问题的最主要原因或一个群体中最重要的组成部分。

【例 9-6】以"沪深 A 股"为数据源，分析总成交额的多少百分比来自多少比例的股票。具体操作可以分成两部分，按以下步骤。

1．绘制累计百分比图

1）计算成交额的累计百分比：利用上面讲到的表计算函数创建计算字段"成交额累计百分比"，选择度量"成交额/亿"右侧的下拉箭头或右键单击，选择"创建"→"计算字段"，为计算字段命名为"成交额累计百分比"，公式输入"RUNNING_SUM(SUM([成交额/亿]))/TOTAL (SUM([成交额/亿]))"，单击"确定"按钮。如图 9-18 所示。

图 9-18　计算成交额的累计百分比

将维度"股票名称"拖放到列功能区，将计算字段"成交额累计百分比"拖放到行功能区。最后选择"成交额累计百分比"右侧的下拉箭头或右键单击，选择"计算依据"→"股票名称"。选择视图为"整个视图"。如图 9-19 所示。

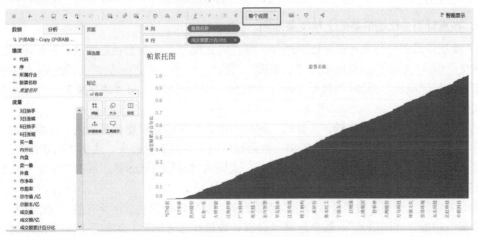

图 9-19　累计百分比图的初始视图

这一步骤有第二种方法：先将维度"股票名称"拖放到列功能区，将度量"成交额/亿"拖放到行功能区。为了计算出成交额的累计百分比，选择"总和（成交额/亿）"右侧的下拉箭头或右键单击，选择"添加表计算"，弹出表计算的设置界面，"计算类型"选择"汇总"，"计算依据"选择"特定维度"并勾选"股票名称"，同时勾选"添加辅助计算"，"从属计算类型"选择"合计百分比"，"计算依据"选择"特定维度"并勾选"股票名称"。最后将纵轴重命名为"成交额累计百分比"。选择视图为"整个视图"。

2）对"股票名称"按照"成交额/亿"进行排序：选择"股票名称"右侧的下拉箭头或右键单击，选择"排序"，在弹出的对话框中，"排序依据"选择"字段"，"排序顺序"选择"降序"，字段名称选择"成交额/亿"，"聚合"选择"总和"。如图 9-20 所示。

3）绘制累计百分比图：在标记卡中选择图形为"线"，此时累计百分比图完成。如图 9-21 所示。

图 9-20　排序

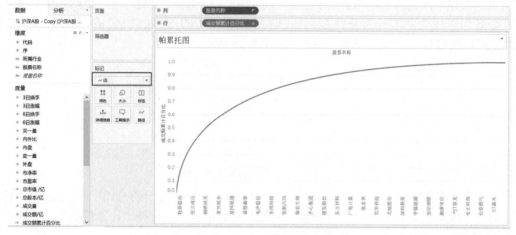

图 9-21　累计百分比图

2. 在累计百分比图的基础上绘制条形图

1）绘制条形图并与累计百分比图结合：将"成交额/亿"拖放到行功能区，在标记卡的"总和（成交额/亿）"页签中选择图形为"条形图"。选择"总和（成交额/亿）"右侧的下拉箭头或右键单击，选择"双轴"。此时调换行功能区"总和（成交额/亿）"与"成交额累计百分比"的位置。如图 9-22 所示。

2）计算股票名称的计数累计百分比：同样利用表计算函数创建计算字段"股票计数累计百分比"，右键单击数据窗格空白处或者单击数据窗口右上角的下拉箭头，选择"创建计算字段"，为计算字段命名为"股票计数累计百分比"，公式输入"index()/size()"，单击"确定"按钮。如图 9-23 所示。

将计算字段"股票计数累计百分比"拖放到列功能区，将列功能区原有的"股票名称"拖放到"全部"中的"详细信息"。最后选择"股票计数累计百分比"右侧的下拉箭头或右键单击，选择"计算依据"→"股票名称"。如图 9-24 所示。

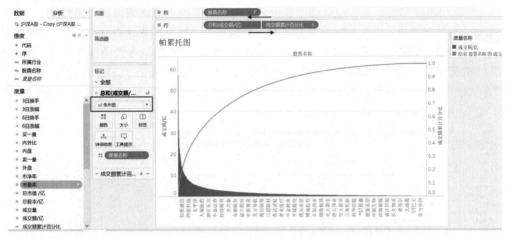

图 9-22　创建"双轴"

图 9-23　计算股票名称的计数累计百分比

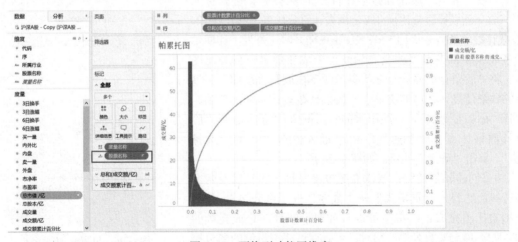

图 9-24　更换列功能区维度

这一步骤有第二种方法：将维度"顾客姓名"拖放到"全部"中的"详细信息"，选择"股票名称"右侧的下拉箭头或右键单击，选择"度量"→"计数"。选择"计数（股票名称）"右侧的下拉箭头或右键单击，选择"添加表计算"，弹出表计算的设置界面，"计算类型"选择"汇总"，"计算依据"选择"特定维度"并勾选"股票名称"，同时勾选"添加辅助计算"，"从属计算类型"选择"合计百分比"，"计算依据"选择"特定维度"并勾选"股票名称"。最后将横轴重命名为"股票计数累计百分比"。

3）创建动态参考线：为了能直观地显示总成交额的多少百分比来自多少比例的上市公司，可以创建动态的参考线。首先创建纵轴参考线，右键单击"成交额累计百分比"轴，选择"添加参考线"，在跳出来的对话框中，"值"选择"创建新参数"，弹出新参数的设置界面，为新参数命名为"成交额累计百分比参考线"，当前值设为"0.8"，"允许的值"选择"范围"，并将"最小值""最大值""步长"分别设置为"0""1""0.01"，单击"确定"。回到上一个对话框，"标签"选择"值"，单击"确定"按钮。如图 9-25 所示。

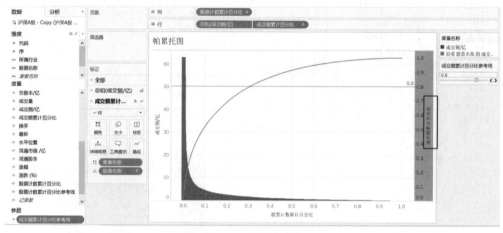

图 9-25　纵轴参考线

然后创建横轴参考线。右键单击数据窗格空白处或者单击数据窗口右上角的下拉箭头，选择"创建计算字段"，为计算字段命名为"股票计数累计百分比参考线"，公式输入"IF [成交额累计百分比]<=[成交额累计百分比参考线] THEN [股票计数累计百分比] ELSE NULL END"，这是为了让横轴参考线和纵轴参考线的交点始终位于成交额累计百分比图上。将"股票计数累计百分比参考线"拖放到"全部"页签中的详细信息，之后右键单击"股票计数累计百分比"轴，选择"添加参考线"，在跳出来的对话框中，"值"选择"股票计数累计百分比参考线"的"最大值"，"标签"选择"值"，单击"确定"按钮。如图 9-26 所示。

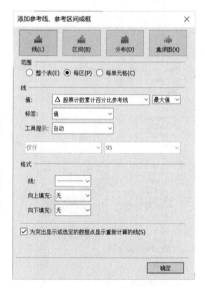

图 9-26　设置横轴参考线

4）创建帕累托图：依次右键单击横轴、纵轴以及两个参考线，选择"设置格式"→"数字"→"百分比"，最终的帕累托图完成。从图中可以直观地了解到，总成交额的80%来自30.55%的股票。同时，可以通过视图右侧的参数控件来调整参考线的位置。如图 9-27 所示。

下面介绍如何更改工作表的背景格式。

在工作汇报中，想要让绘制的工作表更符合想要的气质和主题，可以自由更改工作表的背景格式。选择菜单栏中的"设置格式"，可以对工作表的"字体""阴影"和"边界"等进行设置。如图 9-28 所示。

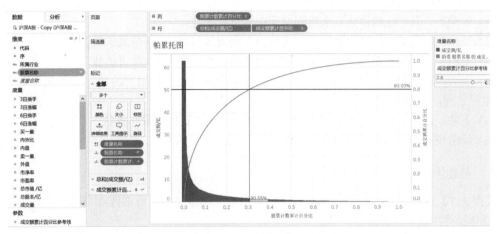

图 9-27　帕累托图

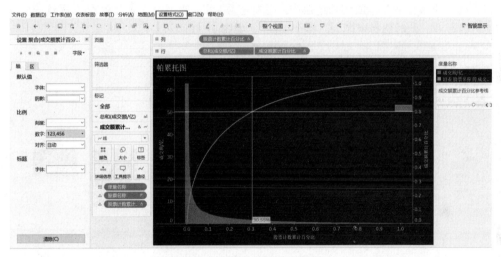

图 9-28　更改工作表的背景格式

9.3　盒须图

盒须图又叫箱线图，因形状像箱子和线的结合体而得名，常用于观察数据分布以及发现异常数据。盒须图的基本形状如图 9-29 所示，主要包括 6 个数据节点。

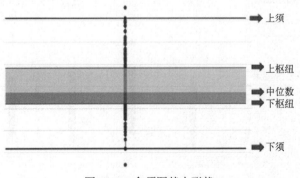

图 9-29　盒须图基本形状

1）中位数：是一组数由小到大排列处于中间位置的数。

2）下枢纽：即第一四分位数，是一组数由小到大排列处于 1/4 位置的数。

3）上枢纽：即第三四分位数，是一组数由小到大排列处于 3/4 位置的数。

4）上须：即上限值，是上枢纽与 1.5 倍的 IQR 之和的范围内最大的数。其中 IQR 是上枢纽与下枢纽之差，即四分位全距。

5）下须：即下限值，是下枢纽与 1.5 倍的 IQR 之差的范围内最小的数。

6）异常值：在上须和下须以外的所有数。

9.3.1　基础应用

【例 9-7】　以"沪深 A 股"为数据源，观测成交额最高的前五名行业中哪些个股的涨幅异常。具体操作按以下步骤：

1）选择视图字段：将维度"所属行业"拖放到列功能区，将度量"涨幅"拖放到行功能区。将维度"所属行业"拖放到筛选器中，选择"顶部"，按字段"成交额/亿"筛选出成交额最高的前五名行业。此时选择视图为"整个视图"。如图 9-30 所示。

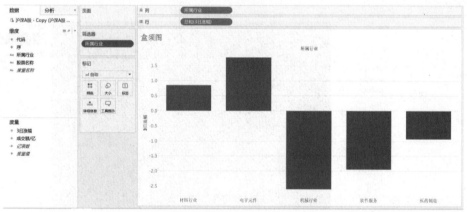

图 9-30　选择视图字段

2）取消聚合度量：在"标记"页签中选择图形为"圆"。此时为了在视图中显示所有的股票，选择菜单栏中的"分析"，取消"聚合度量"的勾选。或者直接将维度"股票名称"拖放到"标记"页签中的"详细信息"，也能达到同样的效果。如图 9-31 所示。

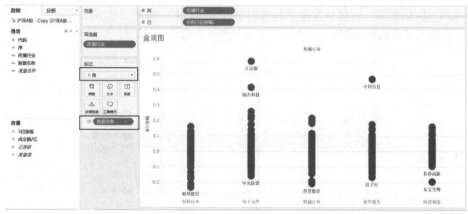

图 9-31　取消聚合度量

3）创建盒须图：单击视图右侧的"智能显示"按钮，选择"盒须图"的图示。如图 9-32 所示。

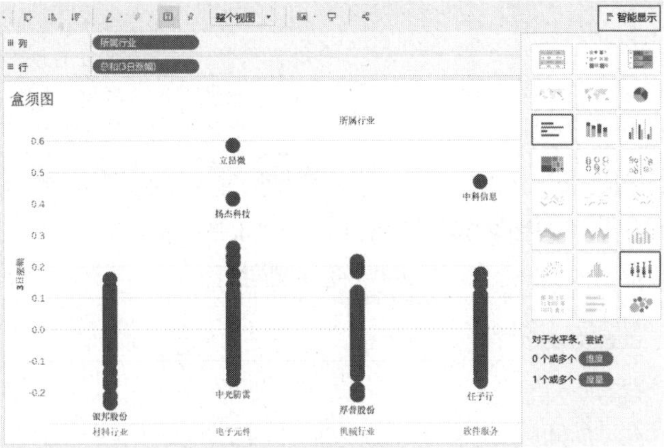

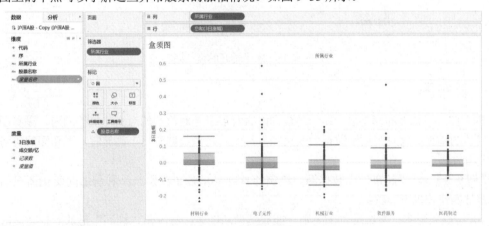

图 9-32　创建盒须图

选择视图为"整个视图"，最终的盒须图完成。在上须和下须以外的都是异常点，将鼠标移至视图上的个点可以了解这些异常股票的涨幅情况。如图 9-33 所示。

图 9-33　盒须图成名

9.3.2　图形延伸

尽管在创建盒须图的过程中，已经取消聚合度量以显示所有的股票个点。但由于股票数量过多，很多股票个点在视图上只能互相重合，这种情况下没有办法直观地显示不同行业拥有的股票数量的比较。基于此，可以将所有的股票个点以水平铺开的方式显示。具体操作步骤如下：

1）创建计算字段：利用表计算函数 index() 和算术运算符%创建公式"index()%n"，该公式的计算结果可以表示不同的股票在视图上的水平位置，其中 n 值越大，能独立显示的股票数量就越多。创建计算字段"水平位置"，右键单击数据窗格空白处或者单击数据窗口右上角的下拉箭头，选择"创建计算字段"，为计算字段命名为"水平位置"，公式输入"index()/50"，单击"确定"按钮。如图 9-34 所示。

2）创建个点水平铺开的盒须图：将创建的新字段"水平位置"拖放到列功能区。然后选择"水平位置"右侧的下拉箭头或右键单击，选择"计算依据"→"股票名称"。此时水平铺开的盒须图最终完成。如图 9-35 所示。

图 9-34　创建计算字段"水平位置"

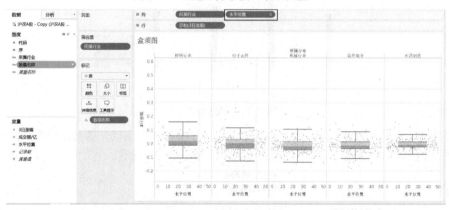

图 9-35　水平铺开的盒须图

9.4　瀑布图

瀑布图因形似瀑布而得名，是一种能同时直观展示绝对值和相对变化值的图形。瀑布图能够通过柱体的垂直高度直观展示数据的变化细节，尤其是当数据变化不明显时，瀑布图的优势更能得到充分发挥。

【**例 9-8**】　以"超市"为数据源，绘制能直观显示各子类别产品利润之间变化情况的瀑布图。具体操作按以下步骤：

1）绘制条形图：将维度"子类别"拖放到列功能区，将度量"利润"拖放到行功能区。为了产生瀑布的效果，先按"升序"排列子类别，再在列功能区选择"总和（利润）"右侧的下拉箭头或右键单击，选择"快速表计算"→"汇总"，此时条形图中柱体的高度代表的并不是当前子类别的利润，而是当前子类别与之前所有子类别利润的累加值。如图 9-36 所示。

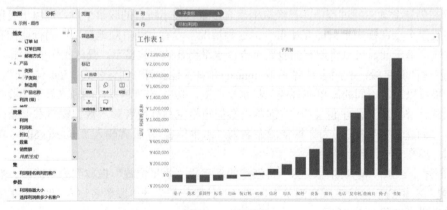

图 9-36　条形图

2）绘制甘特条形图：在"标记"页签中选择图形为"甘特条形图"，此时生成甘特条形图，每一根参考线作为每一段"瀑布"的起始线。如图 9-37 所示。

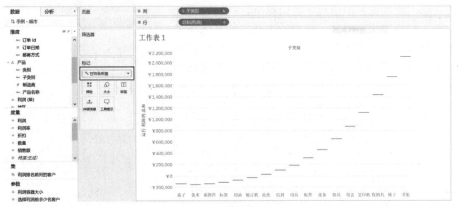

图 9-37　甘特条形图

每一段"瀑布"的长度即当前子类别的利润与前一个子类别利润的变化数量，需要创建一个新字段来衡量。选择度量"利润"右侧的下拉箭头或右键单击，选择"创建"→"计算字段"，为计算字段命名为"瀑布长度"，公式输入"-[利润]"，单击"确定"按钮。这在瀑布图中体现为如果该子类别的利润为负值，则该段瀑布是从起始线处向上延伸，反之则从起始线处向下延伸。如图 9-38 所示。

图 9-38　创建"瀑布长度"

3）绘制瀑布图：将计算字段"瀑布长度"拖放到"标记"页签中的"大小"。再选择菜单栏中的"分析"→"合计"→"显示行总和"，此时工作表中最后一列生成所有子产品的利润总和。最后将度量"利润"拖放到"标记"页签中的"标签"，以便了解当前子产品的利润情况。瀑布图最终完成。如图 9-39 所示。

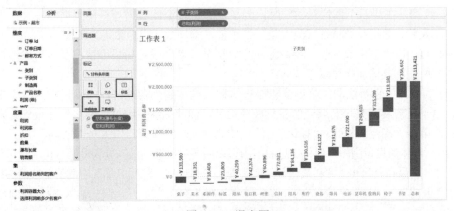

图 9-39　瀑布图

下面介绍如何用不同的颜色区分显示视图中的信息。

视图中只有一个颜色不仅显得单调，而且无法区分展现重要的信息，比如视图中出现正负值信息，就可以用红色表示负值，绿色表示正值。如果我们想要了解从哪个子产品开始，利润总和开始由负转正。将度量"利润"拖放到页签中的"颜色"，由于想要用颜色区分利润总和的正值与负值，所以选择颜色中"总和（利润）"右侧的下拉箭头或右键单击，选择"快速表计算"→"汇总"。单击页签中的颜色，在弹出的对话框中进行设置。"色板"选择"红色-绿色发散"；"渐变颜色"选择"二阶"，表示仅用红绿两色，排除过渡色；选择"高级"，中心设置为"0"，表示小于 0 的负值用红色表示，大于 0 的正值用绿色表示。如图 9-40 所示。

图 9-40　编辑颜色

添加颜色的瀑布图中可以明显地看出，前 6 个子产品的利润总和为负值，利润总和从第 7 个子产品开始扭亏为盈。如图 9-41 所示。

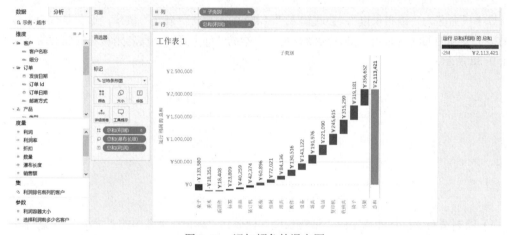

图 9-41　添加颜色的瀑布图

9.5　范围-线图

范围-线图是在展示个体信息的同时，为了能够比较个体数据与整体数据的差异，而在可视化图形中加入整体数据统计特征（最大值、最小值、平均数、中位数等）的图形。

【例 9-9】 以"学生成绩表"为数据源，分析某一名同学各科成绩情况及该科成绩在班级整体成绩中的位置。具体操作按以下步骤：

1）绘制个体信息折线图：将维度"课程名称"拖放到列功能区，将度量"分数"拖放到行功能区。由于是想展示某一名同学的各科成绩信息，因此需要将维度"姓名"拖放到筛选器中，选择"1"，单击"确定"按钮。"标记"页签中的图形选择"线"。如图 9-42 所示。

2）绘制群体信息范围图：群体信息的范围可以用各科成绩的最高分和最低分构成，可以通过创建新字段"各科最高分"和"各科最低分"来实现。选择维度"课程名称"右侧的下拉箭头或右键单击，选择"创建"→"计算字段"，为计算字段命名为"各科最高分"，公式输入"{ FIXED [课程名称]:MAX([分数])}"，单击"确定"按钮。同样的方法创建计算字段"各科最低分"，公式输入

"{ FIXED [课程名称]:MIN([分数])}",单击"确定"按钮。如图 9-43 和图 9-44 所示。

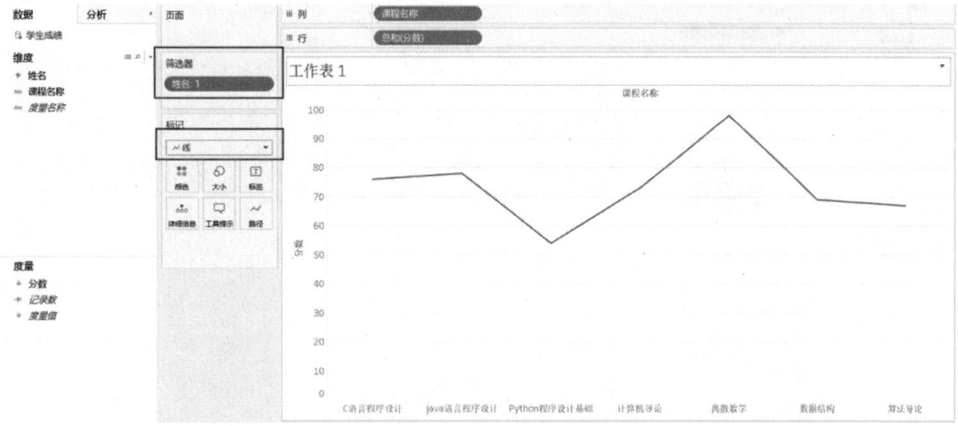

图 9-42　个体信息折线图

图 9-43　创建"各科最高分"

图 9-44　创建"各科最低分"

将字段"各科最高分"和"各科最低分"拖放到"标记"页签中的"详细信息",这是为了在创建参考区间时能够选择这两个字段作为上下界限。右键单击视图中图形的纵轴,选择"添加参考线",在跳出来的对话框中,选择"区间",同时"范围"选择"每单元格","区间开始"选择区间的下限"各科最低分","区间结束"选择区间的上限"各科最高分","标签"均选择"无"。为使视图界面美观,"线"选择"虚线"样式。最后单击"确定"按钮。如图 9-45 所示。

此时范围-线图初步生成。如图 9-46 所示。

3)绘制群体信息平均线:为了比较个体信息和群体平均值的差距,可以在视图中加入群体平均值。同样地,选择维度"课程名称"右侧的下拉箭头或右键单击,选择"创建"→"计算字段",为计算字段命名为"各科平均分",公式输入"{ FIXED [课程名称]:AVG([分数])}",单击"确定"按钮。如图 9-47 所示。

图 9-45　创建参考区间

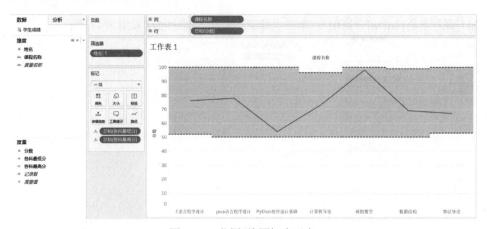

图 9-46　范围-线图初步形态

将字段"各科平均分"也拖放到"标记"页签中的"详细信息"。单击视图中图形的纵轴，选择"添加参考线"，在跳出来的对话框中，选择"线"，同时"范围"选择"每单元格"，"标签"选择"无"，"线"选择"实线"样式。最后单击"确定"按钮。如图 9-48 所示。

图 9-47　创建"各科平均分"

图 9-48　创建参考线

此时范围-线图最终完成，图中描述的是同学"1"的各科成绩以及与班级总体成绩的比较差异。可以通过筛选器选择其他同学，以快速生成其他个体的范围-线图。如图 9-49 所示。

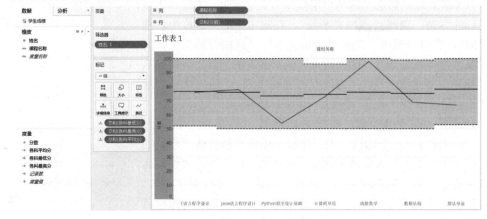

图 9-49　最终范围-线图

9.6　网络图

网络图是描绘一个集合中个体与个体之间关系的图形。网络图有两个必不可少的元素：节点、节点之间的连线。因此在用 Tableau 绘制网络图时，最重要的在于数据的前期准备，数据源中须存在能表示节点坐标位置和节点间联系的字段。

【例 9-10】　以"中国火车站站点地理数据"为数据源，绘制江苏省内高铁站点间的网络线路图。具体操作按以下步骤：

1）数据处理：数据源中已存在江苏省内各个高铁站点的"经度"和"纬度"，此时还需要在数据源导入到 Tableau 之前新添加一个字段"站点连接"，若两个站点之间有直接线路连接关系，则用相同的数字赋值。如图 9-50 所示。

	A 站名	B 车站地址	C 铁路局	D 类别	E 性质	F 省	G 市	L 经度	M 纬度	N 站点连接	O	P	Q	R	S	T
1																
1881	仙林站	江苏省南京	上海铁路局城际		客运站	江苏	南京	118.9192452	32.12822158	1						
1882	南京站	江苏省南京	上海铁路局既有		客运站	江苏	南京	118.8047545	32.09280914	1						
1883	仙林站	江苏省南京	上海铁路局城际		客运站	江苏	南京	118.9192452	32.12822158	2						
1884	宝华山站	江苏省镇江	上海铁路局城际		客运站	江苏	镇江	119.062148	32.15449914	2						
1885	宝华山站	江苏省镇江	上海铁路局城际		客运站	江苏	镇江	119.062148	32.15449914	3						
1886	镇江站	江苏省镇江	上海铁路局城际		客运站	江苏	镇江	119.4392309	32.20318576	3						
1887	丹阳站	江苏省丹阳	上海铁路局城际		客运站	江苏	镇江	119.5997443	32.00802477	4						
1888	镇江站	江苏省镇江	上海铁路局城际		客运站	江苏	镇江	119.4392309	32.20318576	4						
1889	常州站	江苏省丹阳	上海铁路局城际		客运站	江苏	常州	119.9796455	31.79153653	5						
1890	丹阳站	江苏省丹阳	上海铁路局城际		客运站	江苏	镇江	119.5997443	32.00802477	5						
1891	戚墅堰站	江苏省常州	上海铁路局城际		客运站	江苏	常州	120.0740249	31.72934412	6						
1892	常州站	江苏省常州	上海铁路局城际		客运站	江苏	常州	119.9796455	31.79153653	6						
1893	戚墅堰站	江苏省常州	上海铁路局城际		客运站	江苏	常州	120.0740249	31.72934412	7						
1894	惠山站	江苏省无锡	上海铁路局城际		客运站	江苏	无锡	120.2079801	31.67592473	7						
1895	无锡站	江苏省无锡	上海铁路局既有/高铁		客运站	江苏	无锡	120.3119345	31.59333997	8						
1896	惠山站	江苏省无锡	上海铁路局城际		客运站	江苏	无锡	120.2079801	31.67592473	8						
1897	无锡站	江苏省无锡	上海铁路局既有/高铁		客运站	江苏	无锡	120.3119345	31.59333997	9						
1898	无锡新区站	江苏省无锡	上海铁路局城际		客运站	江苏	无锡	120.3986199	31.50419292	9						
1899	苏州新区站	江苏省苏州	上海铁路局城际		客运站	江苏	苏州	120.5312473	31.37788505	10						
1900	无锡新区站	江苏省无锡	上海铁路局城际		客运站	江苏	无锡	120.3986199	31.50419292	10						
1901	苏州站	江苏省苏州	上海铁路局既有、城际		客运站	江苏	苏州	120.6173271	31.3355563	11						
1902	苏州新区站	江苏省苏州	上海铁路局城际		客运站	江苏	苏州	120.5312473	31.37788505	11						

图 9-50　数据处理

2）绘制无节点网络图：双击选择度量"纬度"以及"经度"或将"纬度"和"经度"分别拖放到行功能区和列功能区，选择菜单栏的"分析"→取消"聚合度量"，此时地图自动生成。由于是展示江苏省的高铁线路，因此需要将维度"省"拖放到筛选器中，选择"江苏"，单击"确定"按钮。再将纬度"站点连接"拖放到"标记"页签中的"路径"，图形选择"线"，此时基本的网络图绘制成功。如图 9-51 所示。

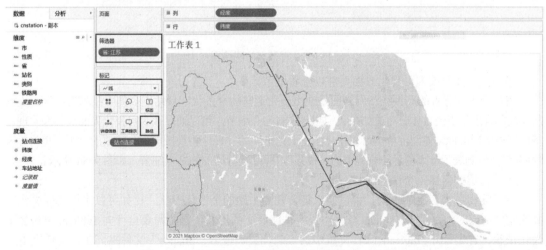

图 9-51　无节点的网络图

3）绘制有节点网络图：步骤 2 中绘制的网络图中节点是不显示的，为了在网络图中显示节点，则不能直接将纬度"站名"拖放至"标签"，否则网络图中的连线将消失。应先将"纬度"在行功能区中复制，此时视图界面会出现两个一样的视图。在第二个视图的页签中选择图形为"圆"，此时第二个视图中出现圆形节点。如图 9-52 所示。

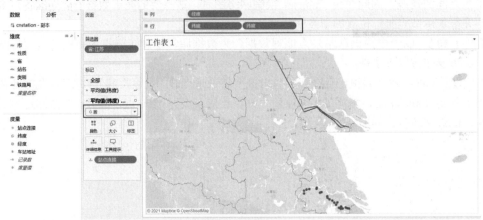

图 9-52　双视图

最后选择行功能区中"纬度"右侧的下拉箭头或右键单击，选择"双轴"，有节点的网络图最终完成。如图 9-53 所示。

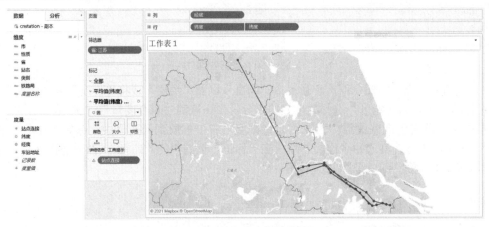

图 9-53　有节点的网络图

下面介绍如何放大可视化界面局部以查看细节。

可以看出江苏省的高铁线路网络图呈现出南北走向的窄条状，且站点多集中在苏南地区，无法从全局图看出站点的具体分布。如果我们想要查看站点细节，可以通过放大可视化界面局部来实现。将鼠标移动到可视化界面，单击可视化界面左上角出现的"+"，将视图放大到想要的大小。再将维度"站名"拖放到表示节点信息的页签中的"标签"，即可查看局部的站点细节。如图 9-54 所示。

下面介绍如何插入个性化形状。

为了让视图内容更加生动，可以插入符合视图主题的个性化形状。比如可以用铁路标志代替高铁站的站点，但是由于 Tableau 软件中没有铁路标志的形状，因此需要自行向 Tableau 中添加个性化形状。首先打开 Tableau 在计算机中的安装位置，搜索"Shapes"文件夹，在该文件夹下新建文件夹"railway"，再将"铁路标志"的 PNG 格式文件添加到"railway"文件夹中，此时"铁路标志"已经添加到 Tableau 中。在上面表示节点视图的页签中图形选择了"圆",这里要将"圆"改成"铁路标志",单击"圆"右侧的下拉箭头,选择"形状",单击"形状",选择"更多形状"。如图 9-55 所示。

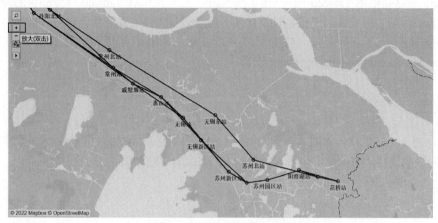

图 9-54　放大网络图局部

在弹出的对话框中,在"选择形状板"中选择"railway",单击"应用"。如图 9-56 所示。

图 9-55　选择更多形状

图 9-56　选择自定义形状

可以看到视图中的网络节点的形状都转换成了"铁路标志"。如图 9-57 所示。

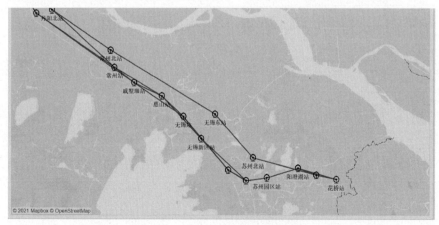

图 9-57　插入自定义形状的网络图

191

9.7　Tableau 社区

Tableau 社区是使用 Tableau 的用户们的集结地，在社区中有 Tableau 官方提供的各类资源，包括 Tableau 论坛、用户群、工具包以及社区不定期举办的挑战赛信息。你可以报名参赛，也可以观看其他优胜者的比赛作品，从中学习灵活使用 Tableau 的新奇方法。具体信息可登录 https://www.tableau.com/zh-cn/community 查看。

本章小结

本章介绍了一些更复杂的高级视图的创建方法。在创建高级视图之前，必须先要掌握一些数据处理的高级操作。其中还具体介绍了 Tableau 中常用的图表技巧。

习题

1. 简答题

1）帕累托图的含义是什么？还能想到哪些帕累托图的应用场景？

2）盒须图中包括哪几个数据节点？他们的具体含义是什么？

3）绘制网络图前，数据源中必须包括哪两个元素？

2. 操作题

1）以"超市"为数据源，绘制范围-线图，该图能够体现某子产品随着日期的销售额变化以及所有子产品销售额的各个时期的平均值、最大值、最小值。

2）编制一份能够绘制网络图的数据源文件，包含 6 条数据和 4 个字段，字段名称分别是节点序号、节点横坐标、节点纵坐标和节点间联系。利用这份数据源文件绘制一张简易的网络图。

第 10 章
Tableau 创建故事

在第 8 章中介绍了 Tableau 仪表板的制作过程，仪表板是由若干个工作表组合而成的，而故事是由仪表板和工作表组合得到的，由此看来仪表板和故事的关系紧密，仪表板呈现有什么，故事呈现为什么。本章将重点介绍 Tableau 故事的创建过程，主要内容包括 Tableau 故事简介、创建故事、设置故事格式和演示 Tableau 故事。本章所用软件版本为 Tableau 2020.4，数据源为"人口数据.xlsx"。

10.1 Tableau 故事简介

在 Tableau 中，故事是一系列共同作用以传达信息的虚拟化项。可以创建故事以讲述数据，提供上下文，演示决策与结果的关系，或者只是创建一个极具吸引力的案例。

故事是一个工作表，因此用于创建、命名和管理工作表和仪表板的方法也适用于故事。同时，故事还是按顺序排列的工作表集合。故事中各个单独的工作表称为"故事点"。

将工作簿发布到 Tableau Public、Tableau Server 或 Tableau Online 时，用户也可以与故事进行交互，以揭示新的发现结果或提出有关数据的新问题。

处理故事时，可以使用以下控件、元素和功能，故事界面如图 10-1 所示。

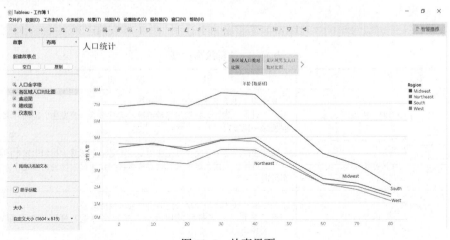

图 10-1 故事界面

- 用于添加新故事点的选项：选择"空白"以添加新故事点，或者选择"复制"以将当前故事点用作下一个故事点的起点。
- "故事"窗格：使用此窗格将仪表板、工作表和文本描述拖到您的故事工作表。这里也是设置故事大小以及显示或隐藏标题的地方。
- "布局"窗格：这里可以选择导航器样式以及显示或隐藏前进和后退箭头。
- "故事"菜单：使用 Tableau Desktop 中的此菜单设置故事的格式，或者将当前故事点复制或导出为图像。也可以在此清除整个故事，或者显示或隐藏导航器和故事标题。
- "故事"工具栏：当将鼠标悬停在导航区域上时，会出现此工具栏。可以使用它来恢复更改、将更新应用于故事点、删除故事点，或利用当前的定制故事点创建一个新故事点。
- 导航器：导航器允许编辑和组织故事点。这也是受众将逐步看完您的故事的方式。使用"布局"窗格更改导航器的样式。

10.2 创建故事

使用故事可揭示各种事实之间的关系以及演示决策与结果的关系，从而使案例更具吸引力。可以随后将故事发布到 Web，或将其呈现给受众群体。

每个故事点可基于其他视图或仪表板，或者整个故事可基于在不同阶段显示、具有不同筛选器和注释的同一可视化项。

1．明确故事目的

在开始组建故事之前，请花一些时间思考故事的用途以及您希望的 Viewer（检视者）旅程。这是一个行动号召、一个简单的叙事，还是要提出一个案例？

如果您要提出案例，请决定是否要显示最终得出结论的数据点，或者从结论开始，然后显示支持数据点。后一种方法对于忙碌的受众很有效。

最后，首先在纸上或白板上描绘您的故事，这可以帮助您快速识别您的序列问题。

2．认识故事的类型

当您使用故事功能时，您将要组建点序列。每个点都可以包含检视、仪表板，或者甚至只包含文字。一些故事在整个故事中显示相同的检视，并且将文字注释和不同的筛选器应用于不同的点以支持叙事模式。

表 10-1 描述了可以采用的 7 种不同的数据故事方法。

表 10-1　7 种故事类型

数据故事类型		说　　明
	随着时间而改变	其作用：使用年表来说明一个趋势。 开头讨论：为什么会发生这种情况，为什么会一直发生？能做什么来阻止或促使这种情况发生？
	向下切入查询	其作用：设定上下文，以便您的受众更好地了解特定类别中发生的事件。 开头讨论：为什么这个人、地点或事件与众不同？如何比较这个人、地点或事件的表现？
	缩小	其作用：描述您的受众关注的内容与大局的关系。 开头的讨论：您关注的内容与大局相比会是怎样？一个方面对大局有什么影响？

（续）

数据故事类型		说　　明
	对比	其作用：表明两个或多个主题的差异。 开头讨论：这些项为什么会不同？如何能使 A 表现得像 B？应该关注哪个方面，哪个方面做得很好？
	十字路口	其作用：当一种类别超过另一种类别时突出重要的转变。 开头讨论：是什么原因导致这些转变？这些转变是好还是坏？这些转变如何影响计划的其他方面？
	因素	其作用：通过将主题分成不同类型或类别来解释主题。 开头讨论：是否存在应该更多关注的一个特定类别？这些项对关注的指标有多大的影响？
	离群值	其作用：显示异常或事件的特别异常之处。开头讨论：为什么此项不同？

3．单击"新建故事"选项卡

三处任选一处单击新建即可，Tableau 将打开一个新故事作为切入点，如图 10-2 所示。

4．在屏幕的左上角，选择故事的大小

可以从预定义的大小中选择一个，或以像素为单位设置自定义大小，如图 10-3 所示。

图 10-2　新建故事选项卡

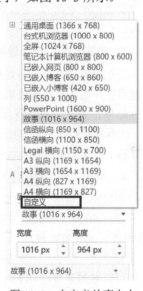

图 10-3　自定义故事大小

📖 注意：　选择故事在查看时的大小，而不是在制作时的大小。

5．默认情况下，故事将从其工作表名称中获取其标题

编辑标题有两种方式：

● 右键单击工作表标签，然后选择"重命名工作表"。

● 如果是在 Tableau Desktop 中，则还可以通过双击标题来重命名故事。

6．若要开始构建故事，双击左侧的工作表将其添加到故事点

在 Tableau Desktop 中，可以将工作表拖到故事点中，如图 10-4 所示。

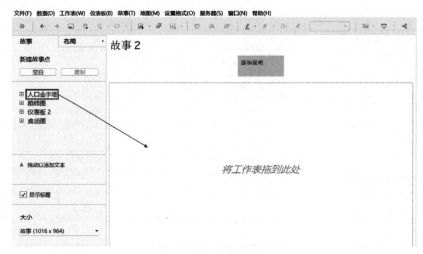

图 10-4　添加故事点

当将工作表添加到故事点时，该工作表仍然保持与原始工作表连接。如果修改原来的工作表，所做的更改将会自动反映在使用此工作表的故事点上。

如果要使用 Tableau Server 或 Tableau Online 在 Web 上进行制作，并且为原始工作表启用了"暂停自动更新"，则故事工作表将变为空白，直至恢复自动更新为止。

7．单击布局，选择导航器样式

导航器样式默认为标题框和箭头结合进行导航，即通过故事点标题进行导航，也能通过单击箭头进行故事点切换。导航器样式还有标题框、数字、点、仅限箭头。导航箭头可以取消勾选，取消后，选择导航样式为标题框、点这两种样式时，就无法通过箭头进行导航了。如图 10-5 所示。

图 10-5　布局

8．单击"添加标题"以概述故事点

导航样式设置为标题框导航的情况下，可以通过单击"添加标题"以概述故事点。

在 Tableau Desktop 中，可以将文本对象拖到故事工作表并输入注释，从而突出显示 Viewer（查看者）的关键收获。

若要进一步强调此故事点的主要理念，可以更改筛选器或对视图中的字段进行排序。

可以通过在导航框上方的故事工具栏上单击"更新"来保存所做的更改，如图 10-6 所示。

9．通过执行以下操作之一添加另一个故事点

● 单击"空白"，为下一个故事点使用新工作表，如图 10-7 所示。

图 10-6　更新故事

图 10-7　使用新工作表

- 开始自定义故事点，然后在导航器框上方的工具栏上单击"另存为新的"，如图 10-8 所示。
- 单击"复制"以使用当前故事点作为新故事点的基础。
- 直接将"故事"窗格下的工作表拖拽到导航器框，直到出现如图 10-9 所示的两个蓝色三角后松开手表，也可以达到新建故事点的目的。

图 10-8　另存为新的　　　　　　　　　　　　　图 10-9　拖拽

- 双击"故事"窗格下的工作表，会在现有故事节点的右面自动生成新故事节点。

📖 注意：可以通过拖拽故事节点标题框的方式，对故事节点重新排序。

10.3　设置故事格式

故事格式是指对构成故事的工作表进行适当设置，包括调整故事点标题大小、使仪表板恰好适合故事的大小等。

10.3.1　调整故事点标题大小

有时一个或多个选项中的文本太长，无法放在导航器的高度范围内。在这种情况下，可以纵向和横向调整说明大小。

在导航器中，选择一个说明。拖动左边框或右边框以横向调整说明大小，拖动下边框以纵向调整说明大小，或者选择一个角并沿对角线方向拖动以同时调整说明的横向和纵向大小，如图 10-10 所示。

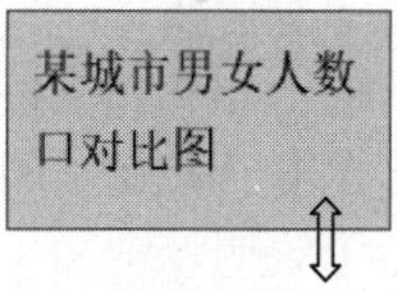

导航器中的所有说明将更新为新设置的大小。

图 10-10　调整故事点标题大小

📖 注意：在调整说明大小时，只能选择说明的左边框、右边框或下边框。

10.3.2　使仪表板适合故事

可以使仪表板恰好适合于故事的大小。例如，如果故事恰好为 800×600 像素，那么可以缩小或扩大仪表板以使之适合放在该空间内。

单击"大小"下拉菜单，并选择想要使仪表板适合于放在其中的故事，如图 10-11 所示。

10.3.3　设置故事格式

要打开"设置故事格式"窗格，有 3 种方式：
1. 选择"设置格式"→"故事"，如图 10-12 所示。

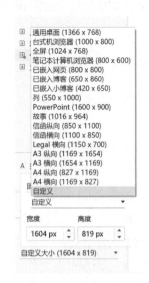

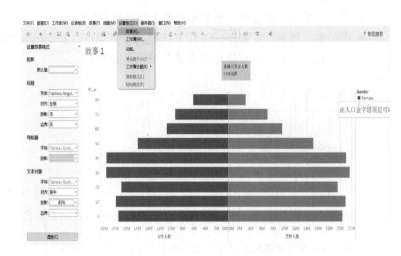

图 10-11 使仪表板适合故事   图 10-12 设置故事格式 1

2．选择"故事"→"设置格式"，如图 10-13 所示。

（1）故事阴影

在"设置故事格式"窗格中单击"故事阴影"下拉控件，可以选择故事的颜色和透明度。

（2）故事标题调整

故事标题的字体、对齐方式、阴影和边框，可以根据需要单击"故事标题"的下拉控件。

（3）导航器

单击"字体"下拉控件，可以调整字体的样式、大小和颜色；单击"阴影"下拉控件，可以选择导航器的颜色和透明度。

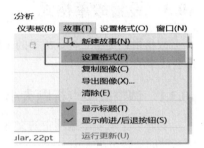

图 10-13 设置故事格式 2

（4）说明

如果故事包含说明，就可以在"设置故事格式"窗格中设置所有说明的格式。可以调整字体，向说明中添加阴影边框。

（5）清除

若要将故事重置为默认格式设置，则单击"设置故事格式"窗格底部的"清除"按钮。若要清除单一格式设置，则在"设置故事格式"窗格中右击要撤销的格式设置，然后选择"清除"。

10.4　演示 **Tableau** 故事

在 Tableau Desktop 中，单击工具栏上的"演示模式"按钮 ▱ 。或者，将故事发布到 Tableau Online 或 Tableau Server，并单击浏览器右上角的"全屏"按钮。

若要逐步浏览故事，单击故事点右侧的箭头。或者在 Tableau Desktop 中，使用键盘上的箭头键，如图 10-14 所示。

若要退出演示或全屏模式，按〈Esc〉键。

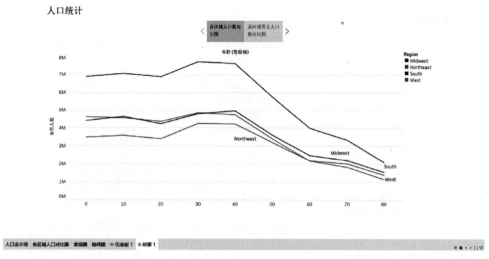

图 10-14　演示故事

10.5　Tableau 故事示例

本示例将引导逐步构建关于 1896～2020 年的百年奥运会的故事。Tableau 中的故事功能是展示此类型分析的绝佳方式，它具有逐步格式，容易说服受众。

本示例操作用到的数据源是"athlete_events.csv"和"noc_regions.csv"两个数据集文件。其中"athlete_events.csv"涉及运动员 ID 编号、姓名、性别、年龄、身高（cm）、体重（kg）、队伍名称、国家（或地区）奥委会编号、年份、季节、主办城市、体育运动、比赛项目、获奖情况等字段信息，"noc_regions.csv"涉及国家（或地区）奥委会编号、国家（或地区）具体名称及备注三个字段信息。

10.5.1　明确故事目的

一个成功的故事须精心设计，这意味着它的目的很明确。在此示例中，故事的目的是：对奥运会从参赛项目、参与国家（或地区）、参赛运动三个角度进行分析，让我们对奥运会有一个更全面、深刻的认识。

10.5.2　创建故事

在新建故事之前，用户需要建立几个工作表和仪表板，以便后续的使用，如图 10-15 所示，本示例建立了 11 个工作表和 4 个仪表板。为节省篇幅，具体操作在本示例中不作展示。

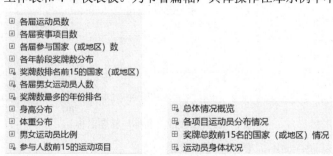

图 10-15　工作表及仪表板

1. 新建故事

在菜单栏里单击"故事",在出现的下拉框里再单击"新建故事",如图 10-16 所示。Tableau 就会生成一个新的故事工作表作为切入点。

图 10-16　新建故事

2. 修改故事名称及标题

右键单击"故事 1"选项卡,选择"重命名工作表",然后输入"奥运的故事"作为故事工作表名称。

故事标题在任何时候都可见,它们是将故事目的摆在首要位置的一种方便的方式。默认情况下,Tableau 使用工作表名称作为故事标题。在 Tableau Desktop 中,可以通过执行以下操作来覆盖该项:

- 双击标题。
- 在"编辑标题"对话框中,将 <工作表名称> 替换为以下内容:"奥运的故事",并设置标题的字体、颜色、大小、对齐方式等。
- 单击"确定"按钮。

如果正在 Tableau Server 或 Tableau Online 中制作,则故事标签是唯一可以更改标题的地方。

操作及效果如图 10-17 所示。

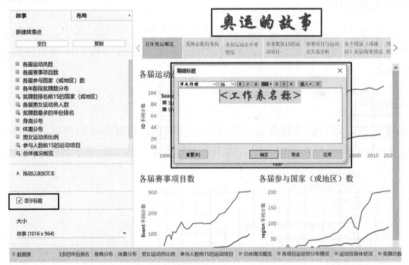

图 10-17　修改故事名称与标题名称

默认勾选显示标题,如不需要标题可以取消勾选。

3．新增第一个故事节点

故事生成时，故事界面也会自动生成一个故事节点。对于创建的第一个故事点要显示最广泛的观点——百年奥运概况。

在"故事"窗格，双击"总体情况概览"仪表板以将其放在故事工作表中。

如果正在使用 Tableau Desktop，则还可以使用拖放功能将视图和仪表板添加到故事工作表中，如图 10-18 所示。

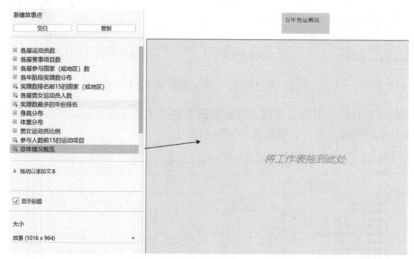

图 10-18　拖放到故事工作表中

若想要替换故事工作表中现存的工作表，只需再次使用拖放功能，此时工作表区域会出现"替换"两个字，单击即可完成工作表的替换，如图 10-19 所示。

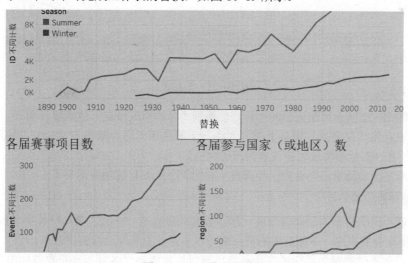

图 10-19　工作表的替换

如果使用的是 Tableau Desktop，则添加此故事点的描述，例如"奥运会开始只有几十个人参加，后来逐年递增，至今参赛运动员已上万。最初奥运会只面对部分国家、地区，现在参与奥运的国家及地区几乎遍布全世界。奥运比赛的项目数也随着参赛运动员参赛国家及地区的增多变得越来越丰富"。

通过拖放功能，将"故事"窗格下的"A 拖动以添加文本"添加到故事工作表来添加说明文本，如图 10-20 所示。

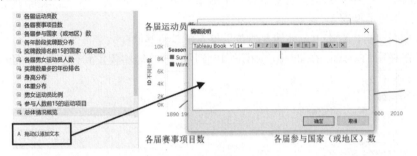

图 10-20　添加说明文本

在编辑完故事节点后，可能会发现工作表的图没有展示完全且有滚动条，如图 10-21 所示。可以在仪表盘上使用特殊设置，以防止此种情况的发生。

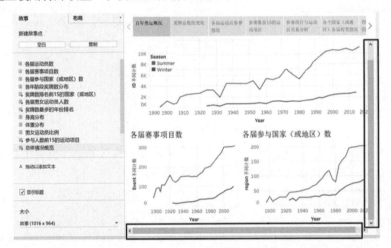

图 10-21　滚动条

单击如图 10-22 所示用线圈出的图标，切换到"总体情况概览"仪表板界面。

在工作表左侧"仪表板"窗格上的"大小"下面选择"适合故事 2 大小"，如图 10-23 所示。此设置旨在针对故事将仪表板设置为理想大小。

再次查看奥运的故事，会看到已经调整了它的大小，并且滚动条消失了。

4．新增其他故事节点

就像一部小说的情节需要向前发展一样，数据故事也是一样的。第一个故事节点是从总体的角度讲述了奥运会的概况，下面新增的节点就可以从部分的角度继续讲述故事。

按照"百年奥运概况"提供的三个角度，可以依次添加"各届运动员参赛情况""参赛数前十五名的项目""奖牌总数的变化"这三个节点（见图 10-24）。

（1）各届运动员参赛情况

在此节点中讲述了参加奥运会的运动员数总体上大幅增加，参赛运动员一开始主要是男性运动员，到如今男女运动员的人数相当这一观点。节点设置效果图如图 10-25 所示。

图 10-22　转到工作表　　　图 10-23　设置仪表板大小　　　图 10-24　新增节点二、三、四

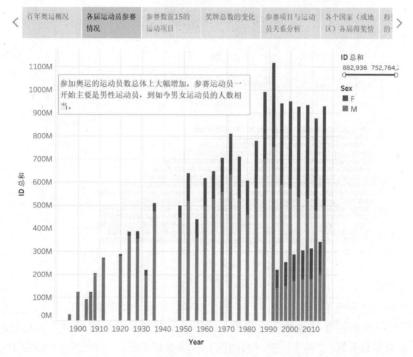

图 10-25　节点二

（2）参赛数前十五名的项目

此节点直观地描述了各个奥运项目参赛人数的多少。气泡越大，参赛人数越多，田径项目是参赛人数最多的项目。节点设置效果图如图 10-26 所示。

（3）奖牌总数的变化

此节点描述了从 1896 年举办第一届奥运会开始，每年主办方发放的奖牌总数都不相同。按奖牌数最多的年份降序排列，并显示总数前 15 的年份。可以看出 2008 年是奖牌总数最多的一年。节点设置效果图如图 10-27 所示。

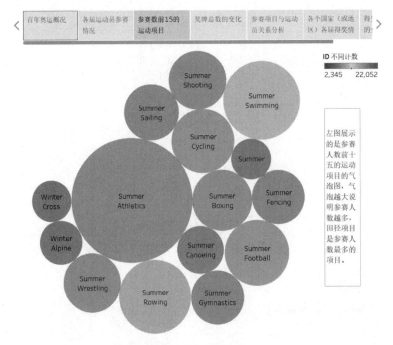

图 10-26　节点三

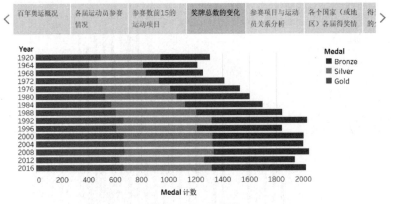

图 10-27　节点四

在从这几个角度分析了奥运会后，可能还想探索运动员与奥运项目的关系、得奖数与运动员的关系、得奖数与参赛国家（或地区）的关系，于是又新增了"参赛项目与运动员的关系分析""得奖数与运动员关系分析""各个国家（或地区）各届得奖情况" 三个节点，如图 10-28 所示。

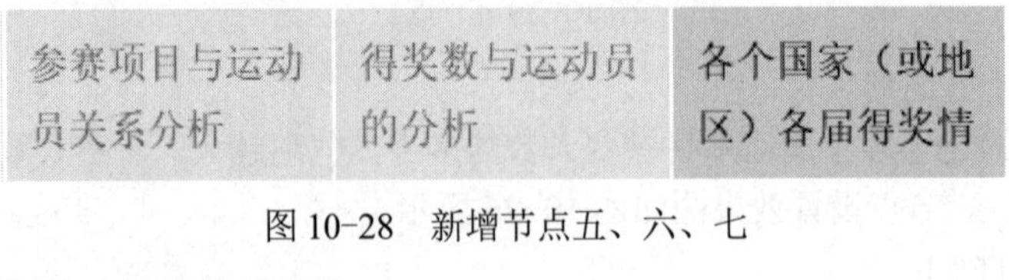

参赛项目与运动员关系分析	得奖数与运动员的分析	各个国家（或地区）各届得奖情

图 10-28　新增节点五、六、七

（4）参赛项目与运动员的关系分析

在此节点通过单击各个参赛项目的气泡图，可以发现对应参赛项目各届的参赛运动员的参赛情况及参赛男女运动员的比例分布。节点设置效果图如图 10-29 所示。

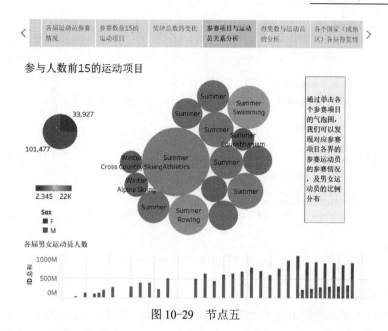

图 10-29　节点五

（5）得奖数与运动员关系分析

在此节点，可以直观地看出运动员的得奖年龄分布，您可以发现年龄在 23 岁左右的运动员是奖牌的主力获得者。通过单击某年龄段的奖牌分布堆积图的某个奖牌面积区域，还可以发现这个年龄段获得的奖牌数量与身高、体重的关系。节点设置效果图如图 10-30 所示。

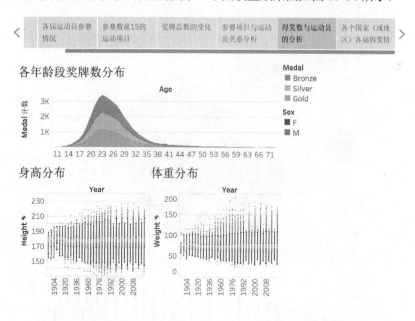

图 10-30　节点六

（6）各个国家（或地区）各届得奖情况

在此节点，通过右边的年份导航，可以直观地看出各个年份不同国家（或地区）的得奖情况。节点设置效果图如图 10-31 所示。

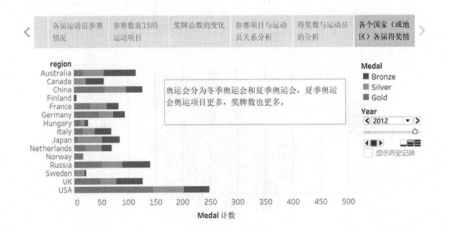

图 10-31　节点七

5. 故事节点格式设置

在完成故事节点的新增后，想要故事节点看着更加美观，可以继续对故事节点进行格式设置。

（1）设置工作簿主题

单击菜单栏的"设置格式"，根据个人喜好，选择工作簿主题。选择工作簿主题类型为"现代"的操作及效果如图 10-32 所示。

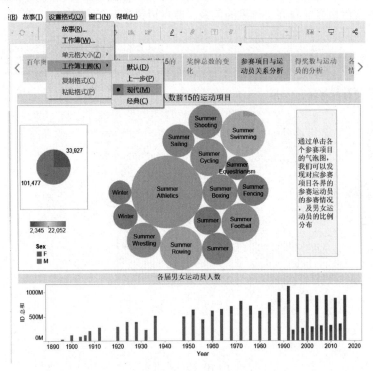

图 10-32　现代主题

（2）设置故事节点整体背景

单击菜单栏的"设置格式"→"故事"→"设置故事格式"→"阴影"，效果如图 10-33 所示。

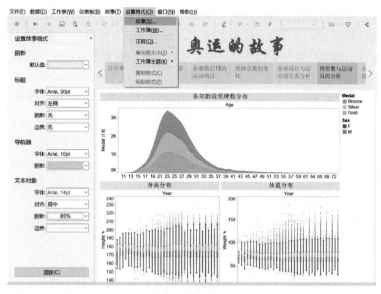

图 10-33　整体背景设置

10.5.3　演示"奥运的故事"

在 Tableau Desktop 中，单击工具栏上的"演示模式"按钮　　。或者，将故事发布到 Tableau Online 或 Tableau Server，并单击浏览器右上角的"全屏"按钮。

若要逐步浏览故事，单击故事点右侧的箭头。或者，在 Tableau Desktop 中，使用键盘上的箭头键。

若要退出演示或全屏模式，按〈Esc〉键，如图 10-34 所示。

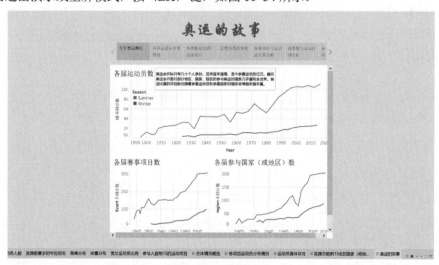

图 10-34　演示故事

本章小结

本章主要介绍使用 Tableau 创建故事的详细步骤及注意事项。故事是按顺序排列的工作表集

207

合，包含多个传达信息的工作表或仪表板。故事中各个单独的工作表称为"故事点"，创建故事的目的是揭示各种事实之间的关系、提供上下文、演示决策与结果的关系。Tableau 故事不是静态屏幕截图的集合，故事点仍与基础数据保持连接，并随着数据源数据的更改而更改，或随所用视图和仪表板的更改而更改。可以通过调整标题大小、使仪表板适合故事等方法来设置故事格式，使故事更加美观。故事创建完成之后，可以通过放映的方式更加清楚地展示整个故事。

习题

1. 概念题

1）简述故事和故事点的区别。

2）自定义故事大小时的大小，是故事在查看时的大小，还是在制作时的大小？

3）按哪个键可以退出演示模式。

2. 操作题

综合运用本书前几章学过的工作表和仪表板，创建一个逻辑清晰且美观的故事。

第 11 章
Tableau 成果输出

本书已经讲解了 Tableau 基础篇和实践篇，从如何连接不同的数据源到创建视图进行可视化分析。但是目前这些已经制作好的美观、交互的视图和仪表板是对各类输入数据进行加工处理，只能被创建者使用。本章将介绍如何将工作成果以创建者所要求的形式输出并分享给更多的人。本书中关于 Tableau 成果输出的介绍主要包括三个方面：如何导出和发布数据及数据源；如何把创建的视图和仪表板等以图片文件和 PDF 文件导出；如何保存和发布工作簿。

11.1　导出和发布数据（源）

如果创建了可能要与其他工作簿一起使用或要与同事共享的数据连接，则可以将数据源导出（保存）到文件中。Tableau 对于导出数据源和工作表中的全部或部分数据提供了多种方法。导出数据源的格式有多种，包括 .tds、.tdsx 或者.hyper。Tableau 也提供将不同类型的数据源发布到 Tableau Server 或 Tableau Online 上，与他人协作和共享的功能。本节将逐一介绍以上功能。

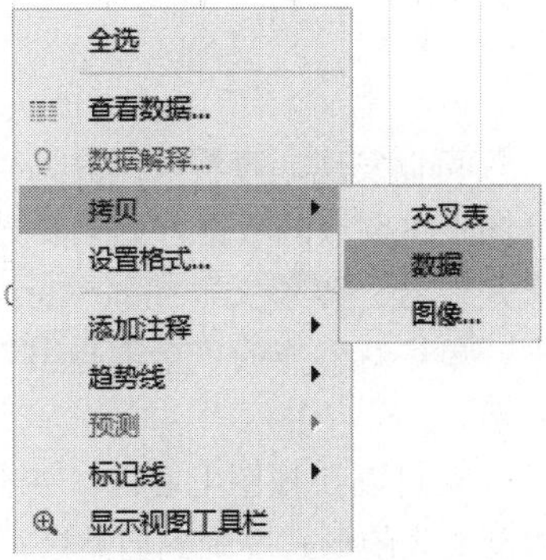

图 11-1　从视图界面导出数据

11.1.1　通过将数据复制到剪贴板导出数据

如果需要导出视图中的数据，就可以在视图上右击，并在弹出的菜单上单击"拷贝"→"数据"，如图 11-1 所示。

或者可以单击菜单栏上的"工作表"→"复制"→"数据"，如图 11-2 所示。

这样就会把视图中的数据复制到剪贴板中。打开 Excel 工作表进行粘贴操作，即可导出数据，如图 11-3 所示。

也可以在视图界面上右击，在弹出的菜单上单击"查看数据"，即会弹出"查看数据"对话框，如图 11-4 所示。

在对话框中选择需要复制的数据，然后单击右上角的"复制"即可将视图中的数据复制到剪贴板中。打开 Excel 工作表，将数据复制到工作表中，即可导出数据，这一步骤以上已经详细阐述，不再赘述。

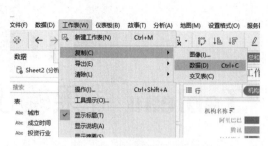

图 11-2　从菜单栏导出数据

	A	B	C
1	投资行业	机构名称	投资金额
2	SNS社交网络	IDG资本	286,240,000
3	SNS社交网络	阿里巴巴	1,870,000,000
4	SNS社交网络	晨兴资本	199,000,000
5	SNS社交网络	创新工场	245,400,000
6	SNS社交网络	光源资本	5,000,000
7	SNS社交网络	红杉资本	335,490,000
8	SNS社交网络	腾讯	726,450,000
9	SNS社交网络	险峰长青(险峰华	167,000,000
10	本地生活	825新媒体产业基	60,000,000
11	本地生活	IDG资本	613,000,000
12	本地生活	阿里巴巴	7,775,000,000
13	本地生活	晨兴资本	88,500,000
14	本地生活	创新工场	101,500,000
15	本地生活	红杉资本	5,517,000,000
16	本地生活	华映资本	127,000,000

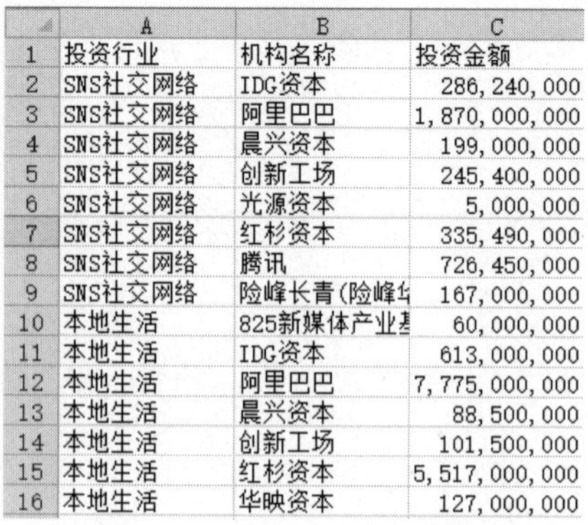

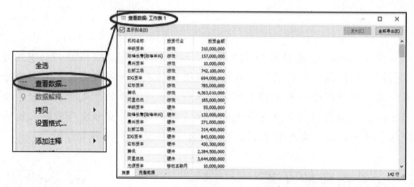

图 11-3　在 Excel 中复制图形数据

图 11-4　通过“查看数据”导出数据

可以发现，查看页面分为“摘要”和“完整数据”。其中，“摘要”是数据源数据的概况，是视图上主要点的数据，如果要导出视图中所有的数据，单击右上方的“全部导出”按钮即可，格式是逗号分隔值文件格式（.csv）。“完整数据”是连接数据源的全部数据，如果要导出相应数据，单击右上方的“全部导出”按钮即可，格式依旧是逗号分隔值文件格式（.csv）。如图 11-5 所示。

还可以在视图上右击，并在弹出的菜单上单击“拷贝”→“交叉表”，从而将视图中的数据以交叉表的形式复制到剪贴板，如图 11-6 所示。然后打开 Excel 工作表，将数据粘贴到工作表中即可导出数据。

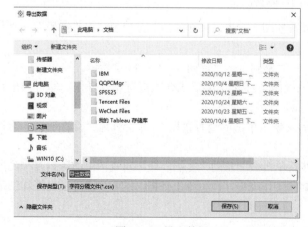

图 11-5　导出数据

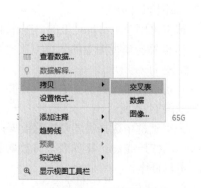

图 11-6　复制交叉表

复制交叉表受到一些一般条件的限制：

● 必须复制视图中的所有记录，不能复制记录的子集。

● 此选项仅适用于聚合视图，不能对解聚的数据视图使用此选项。因为根据定义，交叉表是聚合数据视图。这意味着，为了正常复制交叉表，必须选择"分析"菜单上的"聚合度量"选项。

● 如果视图包含连续维度（例如，连续日期和时间），则不能复制交叉表。

● 可能适用其他限制，具体取决于视图中的数据。

11.1.2　以 Access 数据库文件导出数据

还可以将数据导出为 Access 数据库格式，单击菜单栏上"工作表"→"导出"→"数据"，在弹出的对话框中为导出的 Access 数据库文件选择保存路径并输入名称（Access 数据库的文件扩展名为.mdb），如图 11-7 所示。

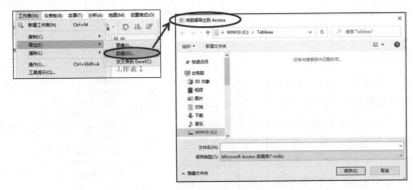

图 11-7　通过菜单栏保存数据为 Access 数据库文件

在"将数据导出到 Access"对话框中单击"保存"，将弹出"将数据导出到 Access"对话框。如图 11-8 所示。如果勾选"导出后连接"复选框，则可以立即连接到新的 Access 数据库，并继续在 Access 中工作而不会中断工作流程。

11.1.3　以交叉分析（Excel）方式导出数据

在 Tableau Desktop 视图界面，选择菜单栏中的"工作表"→"导出"→"交叉表到Excel"。将视图导出为交叉表时，提供了将数据导出到另一个应用程序的直接方法，即自动打开 Excel 应用程序并将当前交叉表粘贴到新创建的 Excel 工作簿中，成功导出视图中的数据。如图 11-9 所示。

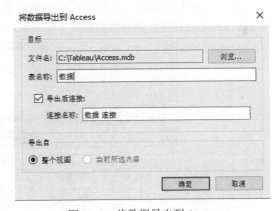

图 11-8　将数据导出到 Access

📖　以交叉分析（Excel）方式导出数据提供了将数据导出到另一个程序的直接方法，但是此方法在复制数据的同时设置数据格式，导致导出性能降低。如果要导出的视图包含大量数据，则会弹出一个对话框，询问是否导出格式。在这种情况下，如果选择从导出中排除格式设置，则导出性能可能会提高。

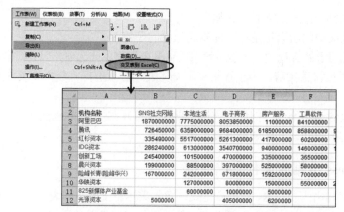

图 11-9　以交叉分析（Excel）方式导出数据

11.1.4　导出数据源

导出数据源的步骤如下。

1. 将数据导出为.csv 文件

.csv 格式是数据的最简单结构化格式之一，很多
工具、数据库和编程语言都支持此格式。通过.csv 格
式导出 Tableau 数据源中的数据可以创建独立的数据
集，方便灵活地与他人共享。可以在"数据源"页
面，选择"数据"→"将数据导出到 CSV"将数据源
中的所有数据导出到.csv 文件中并输入文件名，选择
保存路径。如图 11-10 所示。

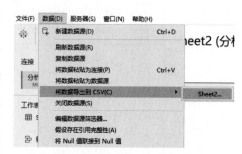

图 11-10　在"数据源"页面导出数据

也可以在视图页面，选择菜单栏中的"数据"→"<数据源名称>"→"查看数据"，如
图 11-11 所示。在弹出的查看数据对话框中单击右上角"全部导出"即可导出数据源。

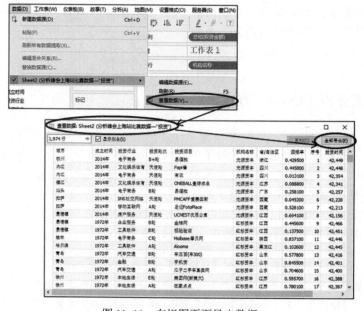

图 11-11　在视图页面导出数据

2. 通过"添加到已保存的数据源"导出数据源

在 Tableau Desktop 视图界面，选择菜单栏中的"数据"→"<数据源名称>"→"添加到已保存的数据源"，如图 11-12 所示。

图 11-12　通过菜单栏导出数据

在弹出的"添加到已保存的数据源"对话框中，选择一个保存数据源的位置，输入文件名，选择保存类型，即可导出数据源。如图 11-13 所示。可以将数据源导出并另存为数据源文件（.tds）和打包数据源文件（.tdsx），通过此方式保存数据源，可以创建远程数据的快捷方式，以后不必每次重新创建数据集的新连接。

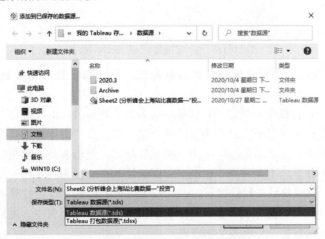

图 11-13　添加到已保存数据源

默认情况下，Tableau 会将.tds 和.tdsx 文件保存到 Tableau 存储库下面的"数据源"文件夹中。使用默认位置时，可以在"连接"窗格上"已保存数据源"中查看并连接到数据源。如图 11-14 所示。如果指定了其他的存储位置，则可以通过选择"文件"→"打开"导航到数据源并连接。

由图 11-13 可见，导出数据源的保存格式有两种，分别为数据源文件（.tds）和打包数据源

213

文件（.tdsx）。数据源文件（.tds）用于快速连接到经常使用的原始数据的快捷方式，不包含实际数据，只包含连接到数据源所需的信息以及在实际数据基础上进行的所有修改。打包数据源文件（.tdsx）是一个压缩文件，包含数据源（.tds）文件中的所有信息以及任何基于本地文件的数据或数据提取的副本。

3. 通过"提取数据"导出数据源

导出数据源中的所有数据或数据子集可以通过创建一个数据提取（.hyper）文件。数据提取是保存的数据子集，可以使用这些独立的数据集来改善性能或利用原始数据中没有或不支持的 Tableau 功能。在 Tableau Desktop 视图界面，选择菜单栏中的"数据"→"＜数据源名称＞"→"提取数据"，弹出"提取数据"对话框。如图 11-15 所示。

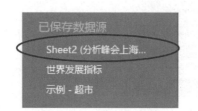

图 11-14　已保存数据源

图 11-15　在视图界面导出数据

也可以在"数据源"界面，选择右上角的"数据提取"→"编辑"，弹出"提取数据"对话框。如图 11-16 所示。

图 11-16　在"数据源"界面导出数据

在打开的"提取数据"对话框中包含数据存储、筛选器、聚合和行数四种提取选项。如图 11-17 所示。

在"提取数据"对话框中可指定的存储数据的方式有逻辑表（非标准化架构）和物理表（标准化架构）两种。数据模型有逻辑层和物理层两个层，首先在"数据源"页面画布中看到的默认视图是数据源的逻辑层，是"数据源"中的"关系"画布。逻辑表是拖到逻辑层的表，可以与其他逻辑表相关并保持独立，不合并到数据源中。逻辑层的下一层为物理层，是"数据源"页面的"联接/并集"画布。物理表是拖到物理层的表，双击逻辑表可将物理层打开并查看其物理表。物理表可以联接或合并到其他物理表，合并到定义逻辑表的单个平面表中。逻辑表就像是物理表的容器，每个逻辑表可以包含一个或多个物理表。

📖　"逻辑表"和"物理表"选项都只影响数据提取中数据的存储方式，不影响数据提取中的表在"数据源"页面的显示方式。

单击"添加"弹出"添加筛选器"对话框，选择筛选器使用的字段，如图 11-18 所示。

图 11-17 "提取数据"对话框 图 11-18 "添加筛选器"对话框

也可以选择是否"聚合可视维度的数据",对数据进行聚合不仅可以合并行,还可以最大限度地减少数据提取文件的大小以提高性能。还可以根据需要选择要提取的行数。最后单击"数据提取",弹出"将数据提取另存为"对话框,在该页面输入文件名,选择要保存的位置,单击"保存"将提取的数据以.hyper 格式完成数据提取。如图 11-19 所示。

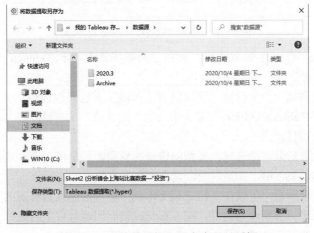

图 11-19 "将数据提取另存为"对话框

从版本 10.5 开始,创建新数据提取时不再使用.tde 格式,而使用.hyper 格式。.hyper 格式的数据提取利用改进的数据引擎,与之前的搜索引擎相比,该数据引擎可用于更大的数据提取。使用.hyper 数据提取的优点为:创建更大的数据提取;数据提取创建和刷新的数据更快;较大数据提取的性能更加高效。

11.1.5 发布数据源

上一节中介绍的是将数据源导出到本地，如果准备向其他用户分享数据源时，则可以将其发布到 Tableau Server 或 Tableau Online 服务器上。本节主要介绍如何将数据源发布到 Tableau Online 服务器，发布到 Tableau Server 服务器的方法与其类似。

在菜单栏中选择"数据"→"<数据源名称>"→"发布到服务器"或"服务器"→"发布数据源"→"<数据源名称>"。如果没有登录服务器，则会弹出"Tableau Server 登录"对话框，可使用"快速连接"连接到 Tableau Online 服务器。随后弹出"登录到 https://online.tableau.com"对话框，输入电子邮件地址和密码即可登录 Tableau Online。如果还没有账号，可以在 Tableau Online 上注册一个，单击"注册"按钮并输入相关信息即可。如图 11-20 所示。

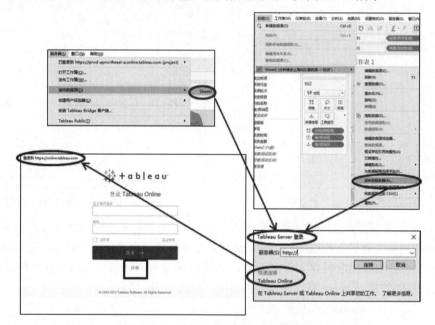

图 11-20　连接 Tableau Online 服务器

成功登录 Tableau Online 服务器后，弹出"将数据源发布到 Tableau Online"对话框，如图 11-21 所示。在该对话框中执行以下操作：

- 项目：项目就像是一个文件夹，既可包含工作簿又可包含数据源。其可在 Tableau Online 上创建，并且 Tableau Online 自带一个名为"默认值"的项目。在"项目"文本框中，选择要发布到的项目。
- 名称：即要发布的数据源名称，根据创建新的数据源还是覆盖现有数据源来命名。如果现有数据源名称已被占用，如果发布，则会覆盖现有数据源。
- 标记：即为搜索标记，可以在"标记"文本框中输入描述该数据源的关键字，以便在服务器上查找数据源。需要注意的是，输入标记时需要用逗号或空格进行分隔，若添加有空格的标记，则需要将其放在引号中。
- 权限：即现有数据源的查看权限，发布者可以通过权限的设置允许或拒绝其他用户访问发布的数据源。并且 Tableau Online 中存在权限默认设置，用于发布给所有人员查阅。
- 身份验证：如果需要提供用户名和密码访问数据，则可指定将数据发布到服务器上时如何处理身份验证。

在默认情况下，Tableau 会更新工作簿以使用新发布的数据源，并且关闭本地数据源。若需要继续使用本地数据源，则需清除"更新工作簿以使用发布的数据源"复选框。最后单击"发布"按钮即可成功发布数据源。

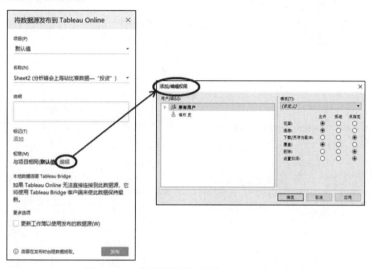

图 11-21　将数据源发布到 Tableau Online

📖　发布本地数据到 Tableau Online 时，如果要使连接到本地数据的数据源保持最新，需要使用 Tableau Bridge 进行连接。

11.2　导出图像和 PDF 文件

Tableau Desktop 可通过多种方式将视图导出到其他的应用程序，如演示文稿或网页等。本节将介绍通过复制图像、导出图像和打印为 PDF 这三种方式导出 Tableau 页面视图。

11.2.1　复制图像

在工作表页面，选择菜单栏中的"工作表"→"复制"→"图像"，也可以在视图界面上右击，选择"拷贝"→"图像"。弹出"复制图像"对话框，选择需要显示的信息以及样式，单击"复制"按钮即可将视图复制到剪贴板中，然后粘贴到打开的目标应用程序中。如图 11-22 所示。

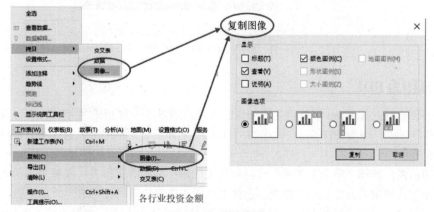

图 11-22　复制图像

11.2.2　导出图像

如果要创建可以重复使用的图像文件，需要导出图像而不是复制图像。单击菜单栏中的"工作表"→"导出"→"图像"，如图 11-23 所示。

弹出"导出图像"对话框，通过"显示"和"图像选项"选择显示的内容和样式，单击"保存"按钮，如图 11-24 所示。

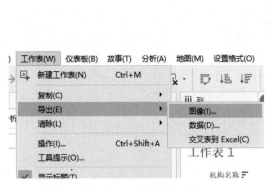

图 11-23　导出图像命令　　　　　　　　　　图 11-24　"导出图像"对话框

在弹出的"保存图像"对话框中指定文件位置、文件名和存放格式。支持的保存类型有 4 种：可移植网络图形（.png），Windows 位图（.bmp）、增强图元文件（.emf）和 JPEG 图像（.jpg、.jpeg、.jpe、.jfif），如图 11-25 所示。

图 11-25　"保存图像"对话框

11.2.3　打印为 PDF

如果要创建嵌入 Tableau 字体且基于矢量的文件，则要打印为 PDF 便携式文件。选择菜单栏中的"文件"→"打印为 PDF"。在弹出的"打印为 PDF"对话框中可以选择和设置以下选项。如图 11-26 所示。

- 打印范围：选择"整个工作簿"可以打印工作簿中的所有工作表；选择"当前工作表"只打印工作簿中当前显示的工作表；选择"选定工作表"则只打印选定的工作表。
- 纸张尺寸：可以在纸张尺寸下拉列表中选择打印纸张的大小。如果选择"未指定"，则纸张将扩展至能够在一页上放置整个视图所需的大小。

● 选项：如果想要在打印后自动打开 PDF 文件，则选择"打印后查看 PDF"文件。该功能只有在计算机安装有 Adobe Acrobat Reader 或 Adobe Acrobat 时才可使用。选择"显示选定内容"，视图中的选定内容将保留在 PDF 中。

单击"确定"按钮，弹出"保存 PDF"对话框，指定文件位置、文件名和保存类型后单击"保存"按钮，这样就可以将一个视图、一个故事、一个仪表板或整个工作簿打印为 PDF。

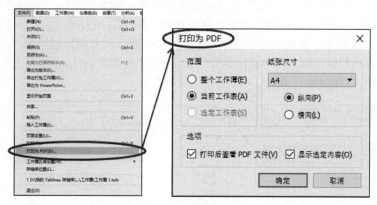

图 11-26　打印为 PDF

11.3　保存和发布工作簿

在 Tableau Desktop 中分析数据或者与数据进行交互时，可以随时保存工作。本节将介绍如何保存工作簿以及如何将工作簿发布到服务器共享成果。

11.3.1　保存工作簿

工作簿是用来保存创建的工作，由一个或多个工作表组成。打开 Tableau Desktop 时，会自动创建一个工作簿。单击菜单栏中的"文件"→"保存"。或者按快捷键〈Ctrl+S〉会弹出"另存为"对话框，输入文件名，选择保存路径，在"保存类型"下拉列表中选择"Tableau 工作簿"，即可完成保存。如图 11-27 所示。默认情况下，Tableau 使用.twb 扩展名保存文件，将工作簿保存在"我的 Tableau 存储库"的"工作簿"文件夹中。

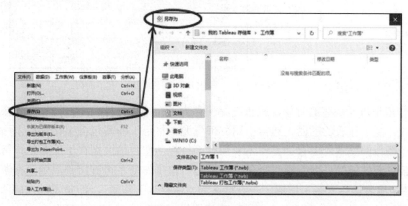

图 11-27　保存工作簿

如果要保存打开的工作簿副本，选择"文件"→"另存为"，并使用新的名称保存文件。

📖 Tableau 文件名不得包含以下任何字符：正斜杠（/）、反斜杠（\）、大于号（>）、小于号（<）、星号（*）、问号（?）、双引号（"）、竖线符号（|）、冒号（:）或分号（;）。

11.3.2 保存打包工作簿

打包工作簿包含工作簿以及所有本地文件数据源和背景图像的副本。Tableau 使用.twbx 扩展名保存打包工作簿文件，文件中包含本地文件数据源（Excel、Access、文本、数据提取（.hyper 或.tde）等文件）的副本、背景图片文件和自定义地理编码。选择菜单栏中的"文件"→"另存为"，弹出"另存为"对话框。在"保存类型"下拉列表中选择"Tableau 打包工作簿（.twbx）"，最后单击"保存"。如图 11-28 所示。

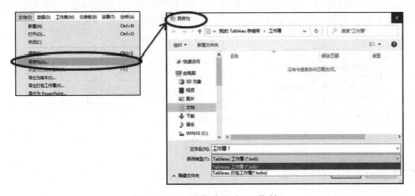

图 11-28　另存为打包工作簿

也可以在菜单栏中选择"文件"→"导出打包工作簿"，在弹出的"导出打包工作簿"对话框中输入文件名，单击"保存"即可完成打包工作簿的保存。如图 11-29 所示。

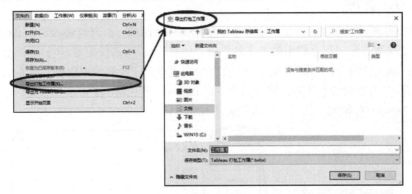

图 11-29　导出打包工作簿

在对工作成果进行保存的时候，应该选择保存为工作簿还是打包工作簿？工作簿由一个或多个工作表组成，是工作表的容器，通常引用外部资源。打包工作簿包含工作簿以及所有本地文件数据源和背景图像的副本。保存为工作簿和保存为打包工作簿的区别在于保存工作簿时，也将保存所引用外部资源的链接，而保存为打包工作簿时，该工作簿不再链接到原始数据源和图像，将以.twbx 文件拓展名保存这些工作簿。一般默认为"保存为工作簿"，但是无权访问所引用资源或 Tableau Server 的人员将无法打开作品，所以建议选择"保存为打包工作簿"。

11.3.3　将工作簿发布到服务器

如果想与他人共享工作簿，可将工作簿发布到 Tableau 服务器上，如 Tableau Server 服务器或 Tableau Online 服务器。在那里其他用户不仅可以查看工作簿、与工作簿交互，甚至可以在他们的服务器权限允许的条件下编辑工作簿。工作簿发布到 Tableau Server 和 Tableau Online 的操作是一致的，本节主要介绍如何将工作簿发布到 Tableau Online 服务器。

在菜单栏中选择"服务器"（或共享按钮" "）→"发布工作簿"（或"登录"），如没有登录服务器，则会弹出"通过 Tableau Server 或 Tableau Online 共享"对话框，可使用"快速连接"连接到 Tableau Online。如果还没有站点，可以在 Tableau Online 上创建一个，单击"创建站点"并输入相关信息即可。随后弹出"登录到https://online.tableau.com"对话框，输入电子邮件地址和密码即可登录 Tableau Online。如图 11-30 所示。

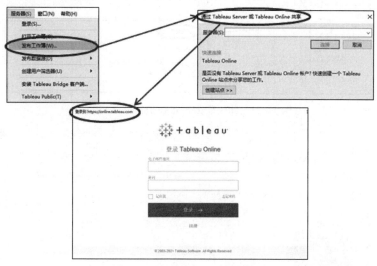

图 11-30　登录 Tableau 服务器

成功登录 Tableau 服务器后，会弹出"将工作簿发布到 Tableau Online"对话框，如图 11-31所示。该对话框中需指定以下 6 项内容。

- 项目：项目就像是一个文件夹，既可包含工作簿又可包含数据源。其可在 Tableau Online上创建，并且 Tableau Online 自带一个名为"默认值"的项目。在"项目"文本框中，选择要发布到的项目。
- 名称：即为要发布的工作簿命名，根据创建新的工作簿还是覆盖现有工作簿来命名工作簿。如果现有工作簿名称已被占用，发布则会覆盖现有工作簿。
- 标记：即为搜索标记，可以在"标记"文本框中输入描述该工作簿的关键字，以便在服务器上浏览工作簿时查找相关工作簿。需要注意的是，输入标记时需要用逗号或空格进行分隔，若添加有空格的标记，则需要将其放在引号中。
- 工作表：该选项卡中可选择该工作簿要共享的工作表，没有选择的工作表在服务器中将被隐藏。
- 权限：即现有工作簿的查看权限，发布者可以通过权限的设置允许或拒绝其他用户访问发布的内容。并且 Tableau Online 中存在权限默认设置，是发布给所有人员查阅。
- 数据源：用于更改数据的发布类型和身份验证。其中发布类型有嵌入在工作簿中和单独发布两种。

所发布的工作簿中使用的数据源不同，"将工作簿发布到 Tableau Online"对话框中的内容和选项会略有差异。最后单击"发布"按钮即可将工作簿发布到 Tableau Online。如图 11-32 所示。

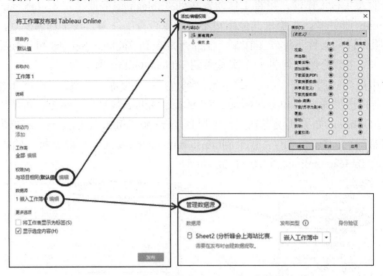

图 11-31　将工作簿发布到 Tableau Online

图 11-32　成功发布

📖　发布到 Tableau Online 时不允许实时连接数据源，所有数据源都需要进行数据提取，但是发布到 Tableau Server 时没有这一限制。

11.3.4　将工作簿保存到 Tableau Public 上

工作簿不仅可以保存到 Tableau Server 和 Tableau Online 服务器上，还可以保存到 Tableau Public 服务器上，与组织以外的人共享工作成果与数据发现。Tableau Public 是一个完全由 Tableau 托管的免费且公开的云服务数据平台。要将 Tableau Desktop 的工作簿保存到 Tableau Public 上，需要在菜单栏中选择"服务器"→"Tableau Public"→"保存到 Tableau Public"，如图 11-33 所示。

若未登录到服务器，则弹出"Tableau Public Sign In"对话框，输入电子邮件和密码登录。如图 11-34 所示。如果没有 Tableau Public 账号，则需要单击"立即免费创建一个"按钮，输入相关信息，创建账号。

图 11-33　将工作簿保存到 Tableau Public 上

图 11-34　"Tableau Public Sign In"对话框

　　登录并保存成功后，此工作簿会保存到 Tableau Public 服务器上，并弹出已发布成功的工作簿，如图 11-35 所示。

图 11-35　发布成功

本章小结

　　本章主要介绍了 Tableau 成果的输出，包括将创建的工作簿和使用的数据源保存到本地或发布到服务器上与他人共享。本章中介绍的 Tableau 成果输出主要包括数据以及数据源的导出和发布、视图和仪表板以图片或 PDF 文件导出以及工作簿的导出和发布。数据源可以通过多种方式导出到本地，比如以复制到剪贴板、以 Access 文件或 Excel 文件的形式保存等。如果想要发布数据源与他人共享，则可以将数据源发布到 Tableau Server 服务器或 Tableau Online 服务器上。如果想与他人共享工作簿，方法也有很多，可以保存到本地，也可以发布到 Tableau Server 服务器上与组织内部成员共享，或者发布到 Tableau Online 上，或者发布到完全由 Tableau 托管的免费且公开的云服务数据平台 Tableau Public 上。

习题

1. 概念题

1）导出（发布）数据源的方法有哪些？

2）复制交叉表受哪些条件的限制？

3）怎么理解数据源的两种保存格式数据源文件和打包数据源文件？

4）逻辑表和物理表是什么？二者有什么区别或联系？

5）简述保存工作簿和保存打包工作簿二者的区别。

2. 操作题

尝试下载安装 Tableau Server，并注册 Tableau Online 和 Tableau Public 账户，发布前几章得到的成果。

第 12 章
Tableau 应用综合案例

前面的章节详细介绍了大数据与可视化基础、Tableau 的数据分析流程以及各类图表的制作技法与成果输出的类型与结果，本章将从 Tableau 的界面配色、图表使用、数据分析以及 Python 与 Tableau 的结合使用几个角度，为读者提供 6 个 Tableau 应用综合案例。

综合案例表现方式为两种，一种是 Tableau 的特长，在线将图表分发给不同的管理层和客户；另一种是招贴广告型或定期的报告，展示一定期间段的静态数据。每一个案例力图把开发说明书提供出来，以便读者重新制作和练习参考。

本章将具体展示 Popular Automobiles Ltd（PA）车行销售数据分析可视化报告、粮食安全可视化、淘宝购物分析、歌词分析、基于共享单车数据的主成分因子分析以及大数据岗位招聘分析 6 个综合案例，供读者进行课上讲解与课后实践。

12.1 PA 车行销售数据分析可视化报告

PA 车行定期产出分析报告，反映客户购买情况、车辆销售情况和销售员销售业绩统计分析。可视化的效果能使管理者快速掌握经营动态。

12.1.1 PA 车行背景介绍

PA 车行进口欧洲和日本车，销售给本地客户。这些客户类型包括：个人、私营企业和政府采购。主要销售基地在客户繁多的奥克兰地区。一共有 12 支销售队伍，均以佣金的方式支付薪酬。PA 也进行修车业务，但是只修自己销售的车。PA 数据库记载了每类车辆卖出与否的销售情况。车辆的序列号是其唯一辨识符。数据库里面还记载了车辆的制造商、车型、出厂年限、外观颜色和有无现货状态。客户可以购买直接进口车或反复交易过的车辆。但此案例并不将反复交易类型设计进去。客户表包括当前客户和潜在客户。客户的唯一辨识符是客户 ID、客户姓名、客户类型（B，I，G）、客户地址、城市和电话。销售员表包括销售员 ID、销售员姓名、参加工作日期、电话和佣金率。每一笔销售业务包括客户、车辆和销售员。发货票和销售日期为每笔业务的唯一辨识符。最终销售价格和进价也记载在数据库中。每销售一辆车，生成一个发货票。出于设计的简单化，设计之中不包含反复交易。销售员的佣金是在每笔销售业务最后的销售价格减去进价后提取。

实体关系图如图 12-1 所示。销售数据和修车数据示例如图 12-2 所示。

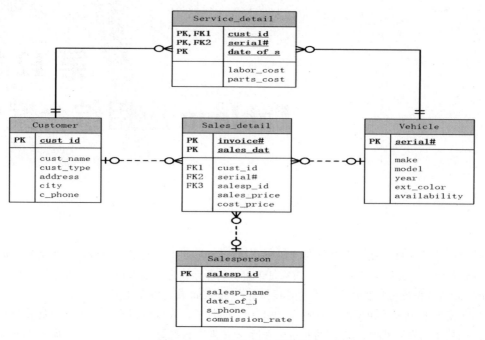

图 12-1　PA 车行的实体关系图

图 12-2　数据记录

　　页面布局的美观与图表的合理选择是可视化分析中必不可缺的环节，该案例将结合一个基于 PA 车行销售数据分析的可视化仪表板，为对读者演示页面布局调整以及图表合理选择的全过程，通过这一个案例，相信读者可以对于 Tableau 的数据可视化分析的美学有更深入的了解与体会。

12.1.2　页面布局

本报告使用已经收集的二手数据库的数据文件，导入到 Tableau 中，各种查询分析可以在数据库中查出，在 Tableau 中直接出图。也可以在 Tableau 中进行筛选。最后在 Tableau 中实现可视化数据分析和可视化报告设计与生成，并对于界面的色彩与布局进行了合理的分配。

1. 分析流程

1）认识数据。了解原始数据背景信息、数据结构、变量内容。

2）确定分析内容。车辆的供需情况分析、汽车修理情况分析、顾客分布与购买力排行、员工的业绩与佣金率分析。

3）数据处理。根据确定的分析内容，在数据库系统中过滤进行查询，分析得到数据。

4）可视化分析。将处理过的数据导入 Tableau 绘制可视化图表。

5）报告呈现。绘制报告布局草图，收集可能需要的其他可视化素材；调节排版布局、标题、图表大小，形成初步模板；对图表做文字分析，进行最后的细节调整。

2. 界面设计流程

本次整理的数据是 PA 车行的数据，包含的表有顾客表，销售细节表，服务细节表，销售员表、汽车表。对数据进行描述性分析，确定所需要的目标数据集。

通过初步整理出来的数据集，使用 Tableau 制图工具进行可视化分析，分别制作了关于客户分布的地理图、关于客户购买力排行榜、销售业绩排行榜、佣金率分布的柱状图、关于车型分布和车型受欢迎程度分布的气泡图和饼状图。

可视化后，通过 PhotoShop 制作报告的模板，总体的颜色色系是暖色，以橙色为主。

最后将模板导入到 Word 文档中进行排版和编辑文字；对图片的含义进行解释，描述对数据的分析和观点。整合所有的图片、数据和文字，完成报告。图例制作工具如下：

- 标题和副标题（Word,Photoshop）。
- 小标题（Photoshop）。
- 统计图（SQL,Tableau,Photoshop）。
- 图解（Word）。
- 背景（Photoshop）原图。

3. 页面生成

报告的背景、字体、布局、颜色，以及数据分析内容均为原创，以上为设计过程的展示，首先确定背景颜色、标题位置字体，以及其他可视化元素的背景和布局；之后确定可视化图表的位置及布局；最后加入文字分析部分进行最后的调整。

（1）页面布局修改

报告整体为蓝灰色调，设计和构图简洁，背景偏深，帮助凸显可视化图表及分析内容，避免主题不突出，布局整体为左右分栏，从而最大限度地利用版面空间。

（2）可视化元素的运用

图形部分，使用了绘画风格简约的汽车呼应主题；图表方面，使用了条形图、地图、饼图、气泡图，进行数据可视化分析。

12.1.3　最终成品

最终成品如图 12-3 所示。

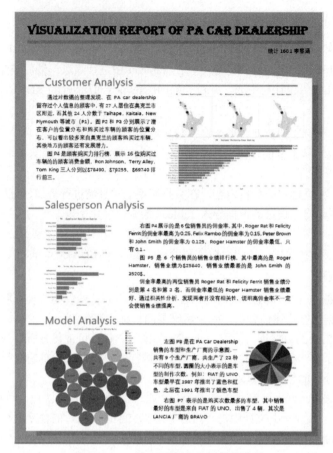

图 12-3　PA 车行可视化分析最终成品

12.2　粮食安全可视化

近几年来，部分粮食出口国传出限制出口的信息，疫情若得不到控制，可能会发生全球粮食危机。疫情等对全球粮食生产和需求造成全面冲击，有可能会恶化全球粮食市场预期，形成各国抢购、限卖及物流不畅的恐慌叠加效应，导致国际粮价飙升。粮食大数据分析非常需要。

12.2.1　数据分析

粮食进口的历史与现状表明，粮食进口不仅是保障中国粮食安全的重要战略措施，而且也有利于粮食产业链风险的防范。中国粮食进口量排名靠前的 7 个国家，具体为加拿大、美国、澳大利亚、巴西、泰国、越南和法国。中国是粮食的生产大国，更是粮食的消费大国。

1．分析流程

1）确定研究主题，新冠疫情发生后，我国各方面都受到一定的影响。粮食供应问题也是我国人民关注的热点，为此，选定"粮食"主题数据处理。

2）确定分析内容：我国粮食生产能力分析，我国粮食进出口分析，疫情影响下的有关粮食舆论、进口量以及市场价格的分析。

3）数据获取，数据来源于国家统计局、中国海关总署、中国农业农村部、热搜神器、微博；

4）可视化报告设计制作；

5）利用 Tableau 以及 Python 制作可视化图表。

2．数据来源

数据来源主要有以下四个方面：

1）国家统计局官网，国家统计局官网中下载 2010～2019 年各年度粮食及相关粮食商品的产量数据，同时，在分省年度中查询 2019 年各省市自治区的粮食产量。在对外贸易中下载大豆以及谷物 2011～2019 年度进口量数据。

2）中国海关总署的数据查询页面，查询 2019 年 1～12 月的相关粮食商品以及所有的贸易伙伴的进出口数据。此外，在海关总署的月度报表中下载 2017 年 1 月至 2020 年 4 月的进口与出口主要商品量值表。

3）利用 Python 爬取热搜神器有关"粮"关键词的新浪微博热搜话题、最近上榜时间、历史最高排名、搜索量等相关数据。还可利用 Python 爬取 2020 年 2、3 月热搜话题下的微博发博内容。例如，利用八爪鱼软件抓取人民网发布#中储粮湖北库存满足湖北半年以上需求#博文下的1050 条评论，以人民日报发布#疫情以来没动用过中央储备粮#下的 1314 条评论。

4）中国农业农村部官网数据查询，查询稻谷、大豆、小麦、玉米 2019 年 1 月～2020 年 3月的月度全国市场价格。

3．数据处理

2019 年大豆产量缺失，因此，在中国粮油信息网中的新闻发布找到进行补充。对海关总署下载的报表数据利用 Python 及八爪鱼采集器对所需粮食以及大豆的进口量数据进行提取，重新整理一份工作表。对热搜神器中找到的话题进行了整理，将无关粮食的话题进行了删除。在进、出口总值国家分析中，主要分析对国外的进、出口情况。

4．图表选择

1）饼图：对主要粮食作物产量的占比分析使用饼图，能够明显看出各类粮食作物在粮食总产量中的比重大小。空心饼图用来分析 2020 年 2 月四个热搜话题的搜索量占比情况分析，同时注释各话题的最高历史排名。

2）折线图：折线图用作 2020 年 4 月热搜话题时间回顾图以及主要粮食市场价格月度变动图。折线图对变动敏感，因此选择该图表。

3）地图：地图的使用一是明确观察我国各省产粮能力，二是便于查看我国粮食主产区的分布情况，也便于观察我国出口稻谷、大米的主要国家的位置分布。

4）条形图与折线图的综合使用：我国近十年粮食产量变动以及 2017 年～2020 年 4 月的月度粮食及大豆的进口量的变动选用综合图。粮食产量变动选择该综合图一是直观观察产量大小，二是易于观察变动。进口量选择综合图是为明显区分粮食总进口量以及大豆进口量，同时也能看出大豆在粮食进口量中的占比。

5）条形图的其他变形：一是哑铃图，用于近九年我国大豆和谷物的进口量分析，哑铃图便于观察两种粮食之间的历年进口量差距；二是火柴图，用于 2020 年 2 月热搜话题发博数统计图。

6）词云图：利用词云图分析疫情期间的舆情分析即作文本分析。

7）其他图表：一是桑基图，用于我国主要粮食进口商品分析，便于观察各种粮食对应的进口国家、便于观察各国对应的进口品种数量，同时线的粗细对应进口商品的金额，便于具体分析；二是热力图，用于我国新冠疫情发生后有关粮食话题的新浪微博热搜分布情况，研究 2020 年 1～4月粮食在微博讨论的热度情况。同时用形状图分析我国各品种粮食的出口金额及国家数量。

12.2.2 最终成品

1. 初稿设计过程

利用 PowerPoint 自定义幻灯片大小，改为竖版，确定设计外框、内框以及文字框的版式，设计外框颜色为"若竹"色，内框及文字框配色根究外框自定义选择红、绿、蓝配比，要求内框浅色，文字框深度与外框相似，但要有所区分，以突出插图、文字内容。插入形状，设置整体布局，各文字图表框的排版如初稿。同时对图表进行文字分析说明。最后设置字体、颜色，初稿字体包含隶书、楷书，文本内容行距为单倍行距。

2. 终稿的确定

针对初稿，更改主题颜色，选择黄色配色。重新确定版面设计，去掉外框，选择合适的颜色对整体布局进行更改。同时，重新对图表颜色进行更改。字体统一为华文中宋，将文本分析内文字字号调小，扩大行距，改为 1.5 倍行距。终稿主要在第一次修改稿的基础上，将所有文字更改为微软雅黑，将分析文字改为两端对齐、删减文字内容以突出图表。

初稿和最终成品的对比如图 12-4 所示。

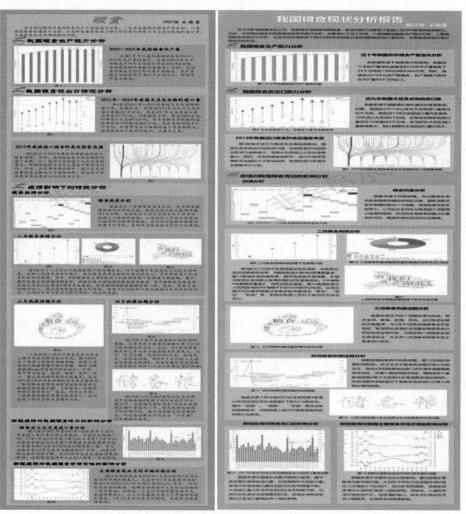

图 12-4　粮食安全可视化实验报告（左图：初稿，右图：终稿）

12.3　超市销售数据分析

随着现代信息技术的发展，超市作为当代销售商品种类最多、数量最多、人流量最大的销售市场，有许多的销售信息需要处理分析。可视化分析作为数据分析中最直观、最形象的分析方法，对于分析超市数据中包含的文字、数字、日期等销售数据，能够进行可视化的呈现。运用Tableau 可视化工具能够对超市数据进行全面的可视化分析。

12.3.1　工具运用

本案例用到以下工具。

1）Excel：运用 Excel 基本函数方法并将数据以 excel 形式导出。

2）Tableau：生成可视化图表并进行简要的文字分析，调整排版布局并形成最终成果。

12.3.2　数据收集与处理

数据来源于人人都是数据分析师：Tableau 应用实战-数据源，网络搜索官网下载即可得到超市数据。

原始表中共有 10000 条数据，其中包括订单 ID、订单日期、邮寄方式、客户 ID、客户名称、细分、城市、省/自治区、国家、地区、产品 ID、类别、子类别、产品名称、销售额、数量、折扣、利润等信息。

12.3.3　确定分析问题

选择要分析的数据，初步确定要分析的几个问题。

1）各地区产品流向图，展示不同地区的不同产品的销售情况。

2）各地区分品类产品绩效考核表，展示不同产品获取利润强度优劣。

3）研究不同子类别产品的利润大小关系。

4）研究不同子类别产品的销售额与利润关系。

12.3.4　操作步骤

用 Tableau 工具对以上几个问题涉及的数据进行可视化分析，相关的技术步骤如下。

1. 各地区产品流向（桑吉图）

该图形是由三个图形结合起来的。

（1）left（左柱状图）

行：销售数量，设置合计百分比，再拉到标签。

颜色：用类别区分，再把类别拉到标签，如图 12-5 所示。

（2）right（右柱状图）

行：销售数量，设置合计百分比，再拉到标签。

颜色：用地区区分，再把地区拉到标签，如图 12-6 所示。

（3）center（中间曲线图，用数据桶的方式）

用类型创建一个数据桶，大小设置为 1。

创建字段：

t（-6~6 的横坐标）：(index()-25)/4
sigmoid（曲线）：1/(1+exp(1)^-[t])
curve（纵坐标）：[rank1]+([rank2]-[rank1])*[sigmoid]
rank1:RUNNING_SUM(sum([销售数量]))/TOTAL(SUM([销售数量]))
rank2:RUNNING_SUM(sum([销售数量]))/TOTAL(SUM([销售数量]))
size(曲线的粗细)：RUNNING_AVG(SUM([销售数量]))

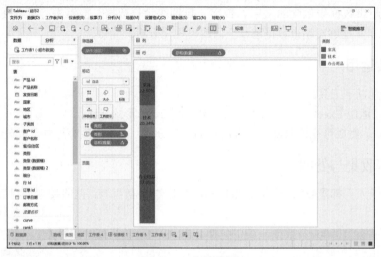

图 12-5　左柱状图

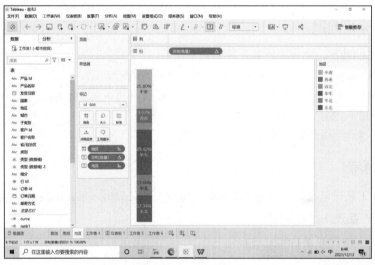

图 12-6　右柱状图

把类别拖到颜色，地区拖到详细信息，再用 size 去拖到大小，形成树状图改为曲线图，轨迹路线按类型的数据桶，设置横纵坐标轴，横坐标/列：t，纵坐标/行：curve；接着调整行的计算依据，t 计算依据为数据桶，curve 则设置编辑表计算：rank1 特定维度勾选顺序为：类别、地区、类型（数据桶）；rank2 特定维度勾选顺序为：地区、类别、类型（数据桶）；t 特定维度勾选类型（数据桶）。生成曲线图，如图 12-7 所示。

最后曲线粗细设置 size 的编辑表计算，特定维度勾选类型（数据桶），在下方坐标轴编辑轴，固定改为-5 跟 5，调整曲线大小，去掉轴标签，最后在仪表板拼接三个图。微调 left、right

颜色倒序。

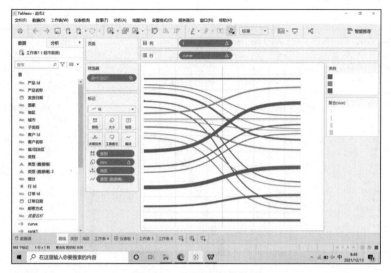

图 12-7　产品流向曲线图

2．各地区分品类绩效考核表

1）创建两个字段：利润率（sum([利润])/sum([销售额])），利润率分层（if [利润率]>0.3 then 'good'ELSEIF [利润率]>0 then 'fair' ELSE 'bad' end）。

2）把子类别与地区拉到对应的行列中，利润率拉到标签，改为百分比形式。

3）在标记功能区全部图形标记改为形状，再把利润率分层拉到形状，形状改为 KPI 的图形。

3．子类别利润（瀑布图）

1）将子类别拖到列，利润拖到行。

2）创建计算字段负利润：-[利润]。

3）将利润拖到颜色,负利润拖到大小。

4）将地区拖到筛选器，如图 12-8 所示。

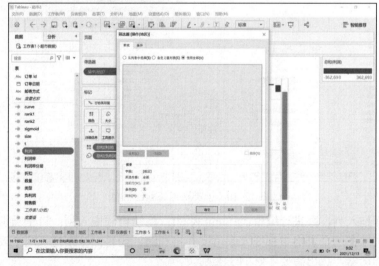

图 12-8　筛选器

5）将利润编辑表计算，计算类型为汇总、总和，计算依据为表，最后进行排序，如图 12-9 所示。

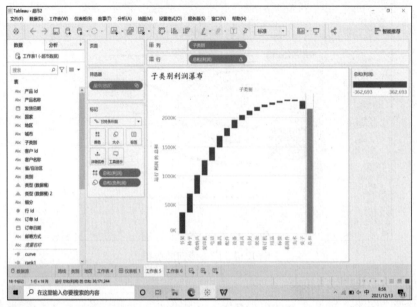

图 12-9　排序图

4．子类别销售额、利润（旋风图）

利润旋风图如 12-10 所示。

图 12-10　子类别销售额、利润

1）将利润拖入列，并进行编辑：-Sum[利润]；将销售额拖入列；将子类别拖入行。

2）将子类别在两个表格中都拖入颜色；并将利润、销售额分别拖入两个表格的标签。

3）编辑筛选器，选出想要了解的子类别。

12.3.5　最终成品与总结

超市销售数据分析图如 12-11 所示。

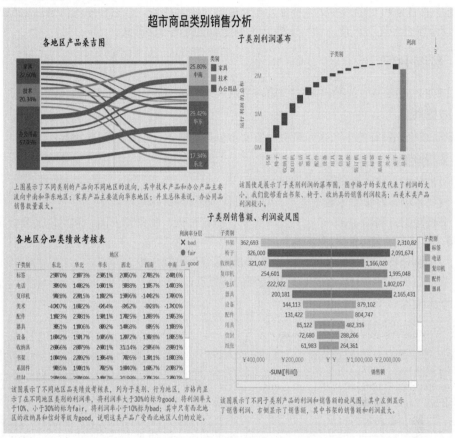

图 12-11　超市销售数据可视化仪表板

1）各地区产品桑吉图：展示了不同类别的产品向不同地区的流向，其中技术产品和办公产品主要流向中南和华东地区；家具产品主要流向华东地区；总体来说，办公用品销售数量最大。桑吉图适用于展示流向，它能通过屏幕上的曲线粗细展示流量的大小，适用于产品、人、动物等流向。

2）各地区分品类绩效考核表：展示了不同地区品类绩效考核表，列为子类别、行为地区，方格内显示了在不同地区类别的利润率，将利润率大于 30% 的标为 good，将利润率大于 10%、小于 30% 的标为 fair，将利润率小于 10% 标为 bad；其中只有西北地区的收纳具和信封等级为 good，说明这类产品广受西北地区人们的欢迎。该种图形表示图适用于购买力、活跃度、售卖能力等绩效指标展示上。

3）子类别利润瀑布图：展示了子类别利润大小关系，图中格子的长度代表了利润的大小，能够看出书架、椅子、收纳具的销售利润较高；而美术类产品利润较小。瀑布图一般反映了利润的变化，方格的大小展示了利润的大小，图形清晰易分析。

4）子类别销售额、利润旋风图：展示了不同子类别产品的利润和销售额的旋风图，其中左侧显示了销售利润、右侧显示了销售额，其中书架的销售额和利润最大。旋风图用于类别较少时，特征值大小递进变化，适用于销售额、利润、成本以它们的类别或子类别等特征值的展示。

12.4 歌词分析

歌词兼具音乐和文学两种文体特征，虽然依附于语言载体，但它传递的信息远远超越语言本身，歌词是符合多元的，是一种特殊的具有多种功能的混合的形式。

12.4.1 数据分析

进行歌词分析有助于赏析和陶冶性情，分析和挖掘的过程如下。

1. 数据来源

收集周杰伦已发行的十四张专辑中由方文山创作的歌词，以此为文本数据。

2. 分析流程

1）设计分析方案，明确研究目标和对象。

2）收集数据，收集文本数据之后，整理以便于之后的分析。

3）分析数据，利用 Python 进行文本分析、统计词频、制作词云图。利用语义分析系统进行情感分析，观察每一张专辑的情感偏度。

4）可视化分析，将处理过的数据导入 Tableau 绘制可视化图表。

5）报告呈现，撰写分析报告，进行美观的排版设计。

3. 文本挖掘

Python 部分代码如下。

```
#读取停用词表
stopwords=[]
with open(r'stopword.txt','r',encoding='utf-8') as infile:
    for line in infile:
        line=line.strip()
        if line:
            stopwords.append(line)


#数据预处理
contents=[]
with open('Jay Chou.txt', 'r', encoding='utf-8') as inputs:
    lines=inputs.readlines()
    for line in lines:
        if line.split():
            line=line.strip()
            line=line.replace(' ','')
            contents.append(line)
inputs.close()

#对句子进行分词
def seg_sentence(sentence):
    sentence_seged = jieba.lcut(sentence.strip())
    outstr = ''
    for word in sentence_seged:
```

```
            if word not in stopwords:
                if word != '\t':
                    outstr += word
                    outstr += " "
        return outstr
fenci=''
for line in contents:
    fenci=fenci+seg_sentence(line)+' '

#1.词频统计
li=fenci.split(' ')
counts={}
for word in li:
    # 对 word 出现的频率进行统计，当 word 不在 words 时，返回值是 0；当 word 在 words 中时，返回
值是+1
        #不统计字数为一的词
    if len(word) <= 1:
        continue
    else:
        counts[word] = counts.get(word,0) + 1
# 将字典转换为记录列表
# items()方法：以列表形式返回可遍历的(键，值) 元组数组
items=list(counts.items())
# 以第二列排序
items.sort(key=lambda x:x[1],reverse=True)
# 输出频率前 10 的单词和次数
for i in range (20):
    word,count=items[i]
    print("{0}：{1}".format(word,count))

#2. 词云图
back_coloring = imread("J.jpg")
wordc = WordCloud(
 #设置字体，不然会出现口字乱码，文字的路径是计算机的字体一般路径，可以换成别的
    font_path="C:/Windows/Fonts/simfang.ttf",
    #设置了背景，宽高
    mask=back_coloring,
    background_color="white",width=1000,height=880).generate(fenci)
plt.imshow(wordc, interpolation="bilinear")
plt.axis("off")
plt.show()
wordc.to_file( "geci.png")
```

12.4.2　最终成品

最终成品如图 12-12 所示。

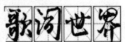

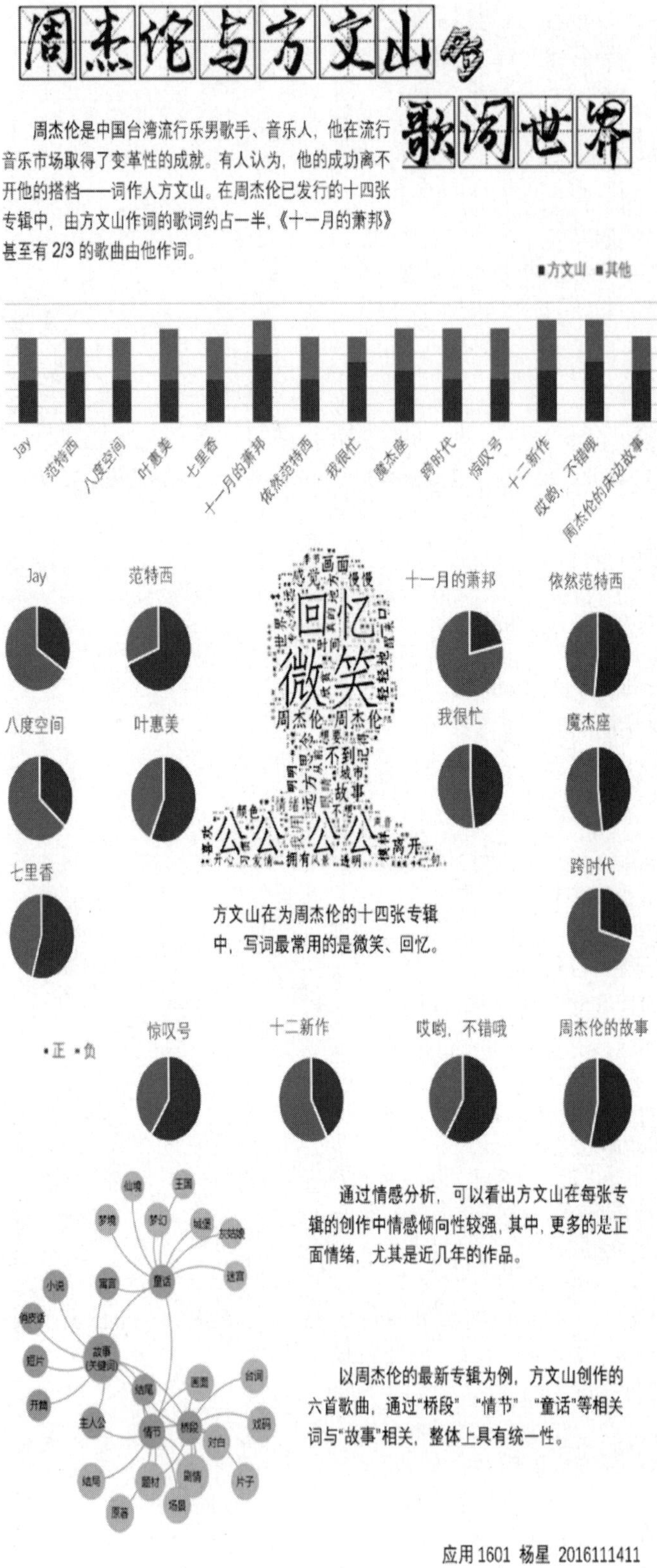
周杰伦与方文山的
歌词世界
周杰伦是中国台湾流行乐男歌手、音乐人，他在流行音乐市场取得了变革性的成就。有人认为，他的成功离不开他的搭档——词作人方文山。在周杰伦已发行的十四张专辑中，由方文山作词的歌词约占一半，《十一月的萧邦》甚至有 2/3 的歌曲由他作词。
■方文山 ■其他
14
12
10
8
6
4
2
0
Jay
范特西
八度空间
叶惠美
七里香
十一月的萧邦
依然范特西
我很忙
魔杰座
跨时代
惊叹号
十二新作
哎哟，不错哦
周杰伦的床边故事
Jay
范特西
十一月的萧邦
依然范特西
八度空间
叶惠美
我很忙
魔杰座
七里香
跨时代
回忆
微笑
周杰伦
故事
方文山在为周杰伦的十四张专辑中，写词最常用的是微笑、回忆。
▪正 ▪负
惊叹号
十二新作
哎哟，不错哦
周杰伦的故事
通过情感分析，可以看出方文山在每张专辑的创作中情感倾向性较强，其中，更多的是正面情绪，尤其是近几年的作品。
童话
小说
故事(关键词)
开篇
主人公
情节
桥段
对白
片子
题材
台词
结尾
以周杰伦的最新专辑为例，方文山创作的六首歌曲，通过“桥段”“情节”“童话”等相关词与“故事”相关，整体上具有统一性。
应用 1601 杨星 2016111411

图 12-12　歌词分析设计最终成品

12.5　基于共享单车数据的主成分因子分析

共享单车是不同于传统自行车租赁的一种新型的交通工具租赁业务，其主要依靠载体为自行车。共享单车系统包括了会员注册、出租和退车的整个过程。现在共享单车基于网络，用户能够轻松地从特定位置租到自行车并退车。共享单车可以很充分利用城市因快速的经济发展而带来的自行车出行萎靡状况；最大化地利用了公共道路通过率。

12.5.1　研究背景

现在共享单车已经越来越多地引起人们的注意，其符合低碳出行理念。目前，世界各地共有超过 500 个自行车共享系统，在交通中起到重要作用。整个 2016 年国内至少有 25 个新的共享单车品牌汹涌入局。

12.5.2　数据分析

第三方数据研究机构比达咨询发布的《2016 中国共享单车市场研究报告》显示，截至 2016 年底，中国共享单车市场整体用户数量已达到 1886 万，2017 年，共享单车市场用户规模继续保持大幅增长，年底达到 5000 万用户规模。本研究欲通过数据找出影响共享单车使用量的因素。

1．数据解释

数据集为每小时按比例汇总的自行车共享数据。

记录：17379 小时

temp 温度：值被划分为 41（max）。

atemp 体感温度：值被划分为 50（max）。

hum 标准湿度：值被划分为 100（max）。

windspeed 风速：归一化风速。值被划分为 67（max）。

casual：休闲用户数。

Registered：注册用户数。

cnt：包括休闲和注册在内的租赁自行车总数。

2．使用软件

使用到的软件有：R、Excel。

3．主成分分析

数据分析使用到的软件有：R、Excel。

该组数据主要研究哪些指标会影响共享单车的使用情况，我们通过主成分分析方法，将这几个指标进行分类，得出各个主成分并命名，以此来更好地描述和解释共享单车的使用情况。最终目标是用一组较少的变量替换一组较多的相关变量。

● 对数据进行描述性分析，同时剔除空值。

● 判断主成分的个数。

基于特征值的方法。每个主成分都与相关系数矩阵的特征值相关联，第一主成分与最大的特征值相关联，第二主成分与第二大的特征值相关联，依此类推。Kaiser-Harris 准则建议保留特征值大于 1 的主成分，特征值小于 1 的成分所解释的方差比包含在单个变量中的方差更小。Cattell 碎石检验则绘制了特征值与主成分数的图形。这类图形可以清晰地展示图形弯曲状况，在图形变化大处之上的主成分都可保留。从图 12-13 中可以看出选择 2 个或 3 个主成分都是比较合适的。

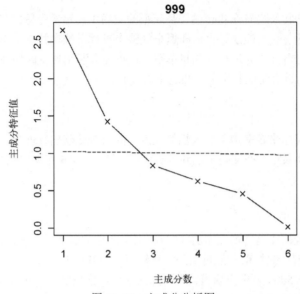

图 12-13　主成分分析图

（1）提取主成分

在输出结果中，PC1 表示成分载荷，观测变量与主成分的相关系数；h2 表示公因子方差，即主成分对每个变量的方差解释度；SS loadings 表示和主成分相关联的特征值，K-H 准则建议留取特征值大于 1 的主成分；Proportion var 表示主成分分析对数据集的解释程度，主成分对数据集的解释程度分别为 0.69。

（2）主成分结论

经过实验，最终得出 3 个主成分结论。首先：temp 和 atemp 分为第一主成分，为温度影响因素；hum 和 windspeed 分为第二主成分，为空气适度因素；casual、registered 分为第三主成分，为用户因素。

（3）主成分旋转

通过主成分旋转后可以了解到三个主成分旋转后的累积方差解释性没有变化（100%），变的只是各个主成分对方差的解释度（成分 1 从 44%变为 35%，成分 2 从 24%变为 28%，成分 3 从 14%变为 19%）。各成分的方差解释度趋同。

（4）获取主成分得分

利用如下公式可得到主成分得分：

PC1=-0.71instant+0.46temp+0.46atemp+0.05hum-0.04windspeed+0.16casual+0.02registered

PC2=-0.2instant-0.18temp-0.16atemp-0.53hum+0.52windspeed+0.23casual+0.17registered

PC3=0.74instant-0.13temp-0.13atemp-0.04hum-0.18windspeed+0.18casual+0.4registered

4. 因子分析（见图 **12-14**）

判断需提取的公因数，代码如下：

```
library(psych)
fa.parallel(hour[,-1],n.obs=126,fa="both",n.iter=100,main="sss")
```

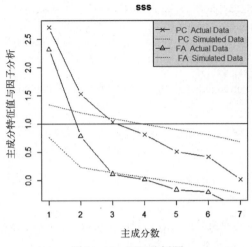

图 12-14　因子分析图

PCA 方法与 EFA 方法都建议设三个因子（PCA 以 1 为界，EFA 以 0 为界）。

5. 采用最大似然法提取未旋转的因子（见图 12-15）

代码如下：

```
fa<-fa(hour[,-1],nfactors=3,rotate="none",fm="ml")
fa
```

运行结果：

```
> fa
Factor Analysis using method = ml
Call: fa(r = hour[, -1], nfactors = 3, rotate = "none", fm = "ml")
Standardized loadings (pattern matrix) based upon correlation matrix
              ML1    ML2    ML3    h2      u2      com
weathersit   -0.19   0.38   0.06   0.186   0.814   1.5
temp          0.97   0.19   0.00   0.981   0.019   1.1
atemp         0.97   0.21   0.00   0.995   0.005   1.1
hum          -0.26   0.96   0.00   0.995   0.005   1.1
windspeed     0.01   0.30   0.06   0.093   0.907   1.1
casual        0.52   0.22   0.54   0.604   0.396   2.3
registered    0.38   0.18   0.50   0.428   0.572   2.2

                     ML1    ML2    ML3
SS loadings          2.41   1.33   0.54
Proportion Var       0.34   0.19   0.08
Cumulative Var       0.34   0.53   0.61
Proportion Explained 0.56   0.31   0.13
Cumulative Proportion 0.56  0.87   1.00

Mean item complexity = 1.5
Test of the hypothesis that 3 factors are sufficient.

The degrees of freedom for the null model are  21  and the objective function was
4.81 with Chi Square of  83587.55
The degrees of freedom for the model are 3  and the objective function was  0.08
```

```
The root mean square of the residuals (RMSR) is  0.03
The df corrected root mean square of the residuals is  0.08

The harmonic number of observations is   17379  with  the  empirical  chi  square
704.57  with prob <  2.1e-152
The total number of observations was  17379  with Likelihood Chi Square = 1378.7
with prob <  1.2e-298

Tucker Lewis Index of factoring reliability =  0.885
RMSEA index =  0.162  and the 90 % confidence intervals are  0.155 0.17
BIC =  1349.41
Fit based upon off diagonal values = 0.99
Measures of factor score adequacy
                                          ML1        ML2        ML3
Correlation of (regression) scores with factors  1.00       1.00       0.74
Multiple R square of scores with factors  1.00       0.99       0.54
Minimum correlation of possible factor scores  0.99       0.99       0.08
```

6. 正交/斜交结果图形（见图 12-16）

（1）正交

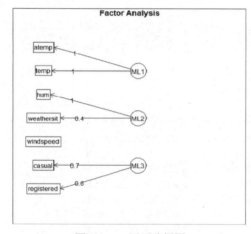

图 12-15　因子分析图

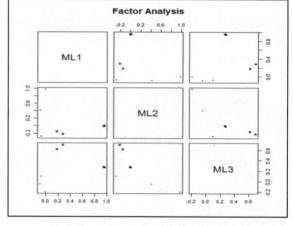

图 12-16　正交/斜交结果图形

```
factor.plot(fa2,lables=rownames(fa2$loadings))
```

正交结果图形表明了三个因子之间的载荷。左下角与右下角非镜面对称，最右上角一格表示 ML1 与 ML3 之间载荷数，其下的一格表示 ML2 与 ML3 之间的载荷数。

（2）斜交

```
fa.diagram(fa2,lables=rownames(fa2$loadings)
```

图 12-13 是三因子斜交旋转的结果图。

综上所述，使用主成分或者因子分析都被建议取三个主成分，其中使用过因子旋转的模型比不使用的更有代表性。

12.5.3　最终成品

最终成品如图 12-17 所示。

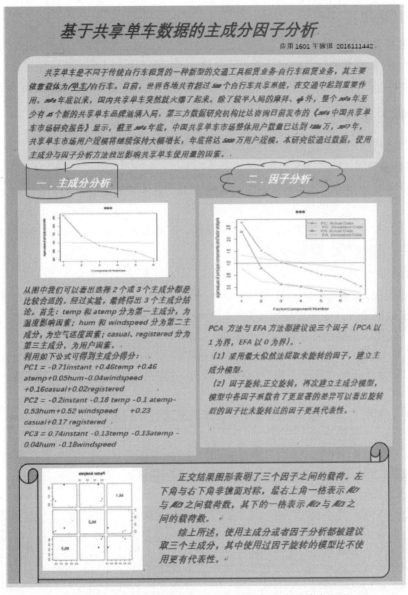

图 12-17　基于共享单车数据的主成分因子分析最终成品

12.6　大数据人才需求分析

随着大数据产业的快速发展，大数据人才已经成为当下最热门的高素质人才，全球范围内的数据人才争夺战将愈演愈烈。大数据的相关职位需要的是复合型人才，能够对数学、统计学、数据分析、机器学习和自然语言处理等多方面知识综合掌控。我国大数据产业具备了良好基础，面临难得的发展机遇，但人才队伍建设亟需加强。对于企业而言，清晰自身定位与对于大数据人才的确切需求成为首要任务；而对于学生与高校而言，针对目前市场对于大数据人才需求的分析来提高自身能力和调整教学方案也显得尤为重要。以下将对我国大数据人才的需求进行可视化分析与探讨。

12.6.1　工具运用

本案例数据及所采纳的工具：

1）Python：数据预处理，确定分析内容，将处理好的数据以 Excel 形式导出。

2）Tableau：生成可视化图表并进行简要的文字分析，调整排版布局并形成最终成果。

12.6.2　数据收集与处理

大数据人才岗位需求数据的搜集预处理分为如下步骤。

1. 数据收集

数据来源于新道用友公司发布的数据可视化赛事，官网下载即可得到大数据相关职业招聘信息原始表。

原始表中共有 7000 多条数据，其中包括标题、工作地点、薪资、发布时间、公司类型、公司规模、行业、职位信息、福利等信息。

2. 数据处理

经过观察发现，初始表格中信息冗杂，存在重复、缺失、错行、繁杂等问题，需要进行清洗与处理。由于数据量大，处理过程比较复杂，此例中使用 Python 进行数据预处理。为了便于后续进行数据可视化，主要进行了以下几个操作：

1）去除非大数据开发/分析职能类别的职位信息。

2）将薪酬数据分为"薪酬下限""薪酬上限"，并取上下限的平均值作为新增计算列"薪酬均值"。

3）将含有地区|工作经验|招聘人数|招聘日期的列进行分列操作，新生成"地区""工作经验要求""招聘人数""招聘日期"四列。

4）将"工作地区"变量划分为"所在城市"与"所在区"。

5）将薪酬水平、公司规模和学历划分为相关的不同等级。

Python 部分代码为

```
#删除空值、重复值、无用值
data=data.dropna(axis='index',how='all',subset=["薪资"])
data.isnull().sum()
data=data[data.职能类别.isin(["大数据开发/分析"])]
data.drop_duplicates()

#将发布时间统一为日期格式
data['发布时间'] ="2019-"+data['发布时间']
from datetime import datetime
data['发布时间'] = data['发布时间'].astype('datetime64[ns]')
data.head(2)

#薪资处理（此处为部分代码）
薪资=data[data['薪资'].str.contains('千/月')]
薪资['薪资'] = 薪资['薪资'].map(lambda x: x.rstrip('千/月'))
薪资['最低薪资'],薪资['最高薪资'] = 薪资['薪资'].str.split('-', 1).str
薪资['最低薪资']=薪资 ['最低薪资'].astype('float')
薪资['最高薪资']=薪资 ['最高薪资'].astype('float')
```

```
薪资['最低薪资']=薪资['最低薪资']*0.1
薪资['最高薪资']=薪资['最高薪资']*0.1
薪资均值=data.mean(axis=1)
data=pd.concat([data,薪资均值],axis=1)
data=data.rename(columns={'标题':'岗位',0:'薪资均值'})


#划分薪资水平
def Salarylevel(x):
    if 0<x<=5:
        return "0-5k"
    if 5<x<=10:
        return "5-10k"
    if 10<x<=15:
        return "10-15k"
    if 15<x<=20:
        return "15-20k"
    if 20<x<=25:
        return "20-25k"
    if 25<x<=30:
        return "25-30k"
    if 30<x<=100:
        return "30-100k"
    if 100<x:
        return "100k+"
data['薪资水平']=data['薪资均值'].map(lambda x:Salarylevel(x))


#字段1处理
def Divide(x):
    if "招" in x.split("|")[-2]:
        return x.split("|")[-2]
    elif "招" in x.split("|")[-3]:
        return x.split("|")[-3]
    elif "招" in x.split("|")[-4]:
        return x.split("|")[-4]
data['工作经验要求']=data['字段1'].map(lambda x:x.split("|")[1])
data['招聘人数']=data['字段1'].map(lambda x:Divide(x))


#去除多余字,只保留数值
def Quantity(x):
    if "招若干人" in x:
        return 'n'
    else:
        x = ''.join(filter(str.isdigit, x))
        return x
data['招聘人数']=data['招聘人数'].map(lambda x:Quantity(x))
data['招聘人数']
```

部分处理过程截图如图 12-18 所示。

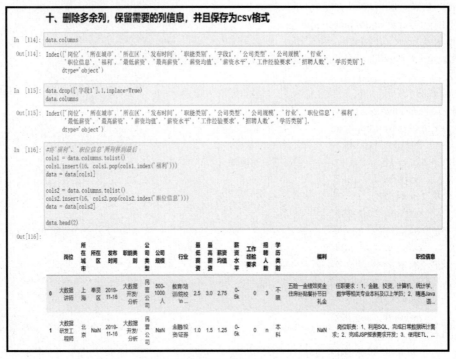

图 12-18　大数据行业招聘信息 Python 处理过程

12.6.3　数据可视化

当数据清洗过后，得到规范的数据格式，就可以尝试可视化了。

1．确定主题

选择要分析的部分数据，初步确定要分析的几个问题。

1）不同类型公司招聘信息发布的数量与薪资平均水平。

2）学历与薪酬上下限的关系。

3）大数据研究方向各行业薪资水平。

4）学历要求与薪资水平的关系。

2．数据可视化

用 Tableau 工具分别对以上几个问题涉及的数据进行可视化，在学历、薪酬、公司类别、行业等多个维度上制作出四个简明、多样化的图表，并得出结论。

1）柱状、条形图：通过此图可以看出目前对于大数据相关人才需求较大的公司的类型为民营公司；而外资企业的平均工资最高。相关人才在择业时，若想要更快地找到工作，可以优先考虑民营企业；若追求薪资，则可以考虑去外企求职。

2）散点图：学历要求越高的大数据相关岗位，其薪资均值越高，同时也越稳定，薪酬上下差值不大；而学历要求越低，薪酬的浮动则越大。由此可以得出结论：学历与薪资稳定性之间存在一定关联。

3）棒棒糖图：此图可以直观看出 2019 年第三四季度各行业对于大数据人才薪酬的变化：其中广告行业变化最大，平均薪酬由 17K 暴增至 30K，几乎翻了一倍；而环保行业则几乎没有变化。同时，也能看出广告、机械、专业服务等行业的薪酬较高，相关人才可以多关注以上行业的招聘情况。

4）温度计图：图中显示大数据相关岗位的学历要求与薪资水平有着较大的正相关性。因此若想从事大数据相关专业，应当努力提升自身学历，以获得更大的优势。

12.6.4　最终成品

最终的分析报告展示效果如图 12-19 所示。

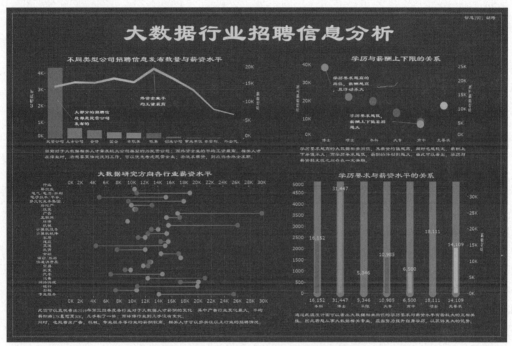

图 12-19　大数据行业招聘信息分析报告

习题

1. 概念题

1）考虑不同的输出设备时（如大屏幕、台式机屏幕、手机屏幕），设计应如何应对？

2）仪表板应该展现什么？文字和图的比例如何分布？

3）有几种方式进行数据清洗，对同一不规范数据集，试采用不同的工具，以期达到清洗的目的。

4）学习公众号上的一个作品，采用直播方式和同学交流作品。

2. 操作题

1）尝试下载数据源，设计好分析思路，准备以怎样的方式表达和分析主题。

2）不同小组对同一数据源的分析展示。

参 考 文 献

[1] 杨尊琦. 大数据导论[M]. 北京：机械工业出版社，2018.

[2] 陈为，张嵩，鲁爱东. 数据可视化的基本原理与方法[M]. 北京：科学出版社，2013.

[3] 刘红阁，等. 人人都是数据分析师：Tableau 应用实战[M]. 2 版. 北京：人民邮电出版社，2019.

[4] 陈为，等. 数据可视化 [M]. 北京：电子工业出版社，2019.

[5] 王文，周苏. 大数据可视化[M]. 北京：机械工业出版社，2019.

[6] EMC Education Services. 数据科学与大数据分析：数据发现分析 可视化与表示[M]. 曹逾，刘文苗，李枫林，译. 北京：人民邮电出版社，2020.

[7] 张睿雨. 基于 CiteSpace 的商务大数据可视化分析[J]. 中国商论，2019，（12）：17-18.

[8] 周苏，王文. 大数据导论[M]. 北京：清华大学出版社，2016.

[9] 陈明. 大数据可视化分析[J]. 计算机教育，2015（5）：94-97.

[10] 赵松年，熊小芸，姚国正，等. 视觉通道的信息处理：Ⅱ. 数值仿真实验[J]. 自然科学进展：国家重点实验室通讯，1999（1）：77-83.

[11] 崔金童. 大数据时代可视化新闻发展探究[J]. 新闻研究导刊，2016，7（2）：70-70.

[12] 王心瑶，郝艳华，吴群红，等. 基于登革热事件的官方微博网络舆情可视化分析[J]. 中国预防医学杂志，2018，19（6）：401-406.

[13] 刘勘，周晓峥，周洞汝. 数据可视化的研究与发展[J]. 计算机工程，2002，28（8）：1-2.

[14] 李璐扬. 大数据时代可视化新闻：现状、特征与发展趋势[J]. 新闻研究导刊，2016（8）：111-111.

[15] 刘红岩，陈剑，陈国青. 数据挖掘中的数据分类算法综述[J]. 清华大学学报（自然科版），2002（06）：727-730.

[16] 欧阳羲同，李德银，洪庆月，等. 视觉通道中颜色与形状特征的识别[J]. 生物物理学报，1991，7（4）：571-576.

[17] 叶文宇. 大数据时代可视化新闻的特点及发展趋势[J]. 传播与版权，2015（9）：30-31.

[18] 赵松年，姚国正. 视觉通道的信息处理：Ⅰ. 同步振荡-同态滤波模型[J]. 自然科学进展，1998（6）：735-741.

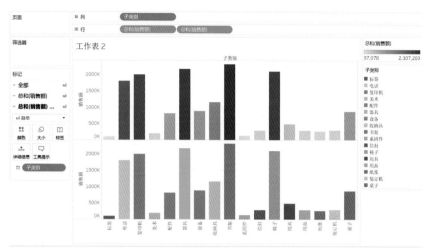

图 4-9　连续与离散对颜色的影响

图 5-43　按颜色标记群集

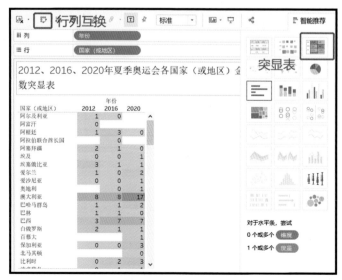

图 6-21　突显表成品

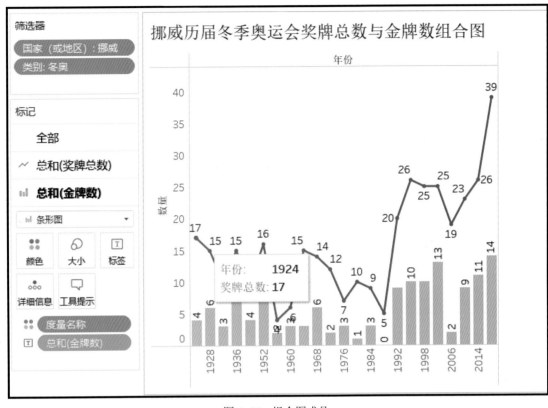

图 6-56　组合图成品

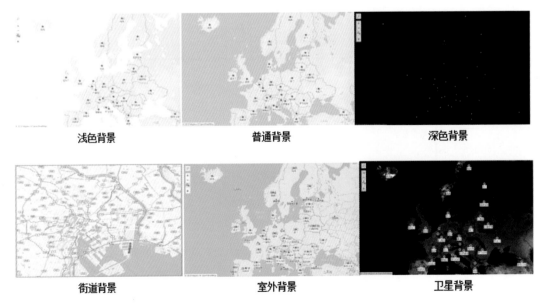

图 7-16　不同地图背景样式效果

工作表 1

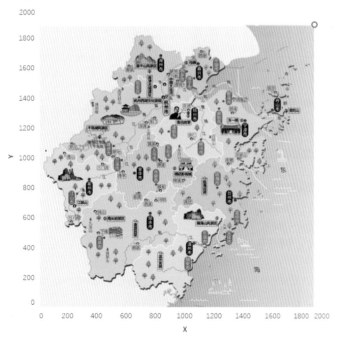

图 7-26　导入背景图像

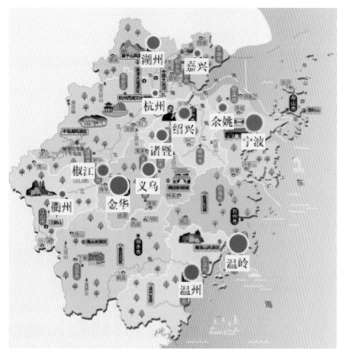

图 7-29　自定义背景图像展示

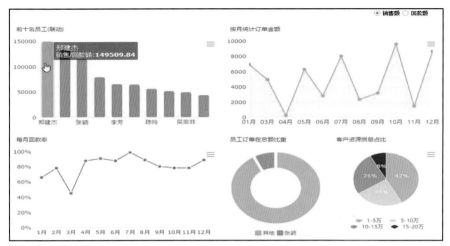

图片来源：百度图片

图 8-12　仪表板示例 1

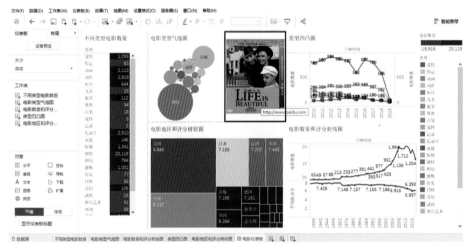

图 8-25　在图像对象上添加 URL

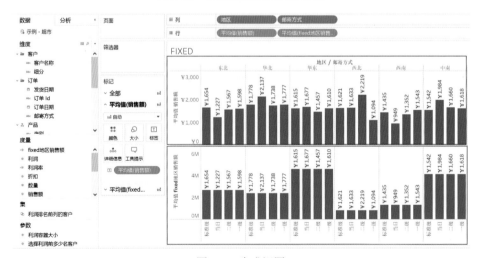

图 9-5　生成视图

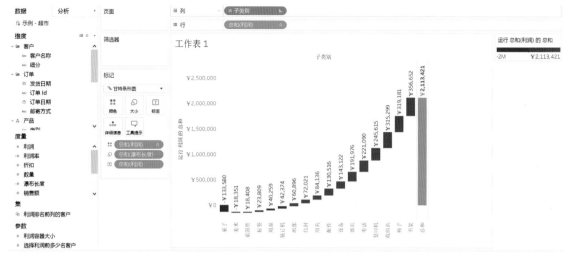

图 9-41　添加颜色的瀑布图

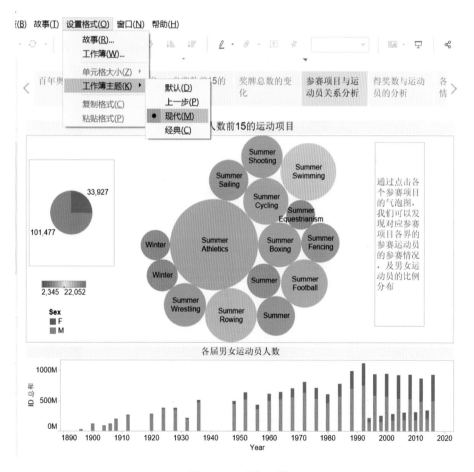

图 10-32　现代主题

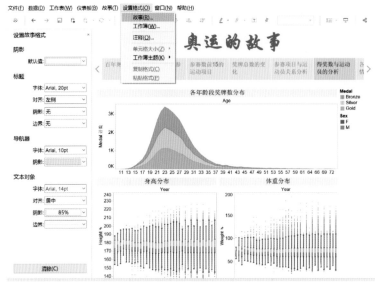

图 10-33　整体背景设置

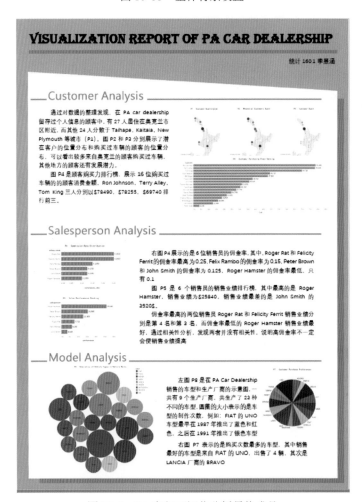

图 12-3　PA 车行可视化分析最终成品

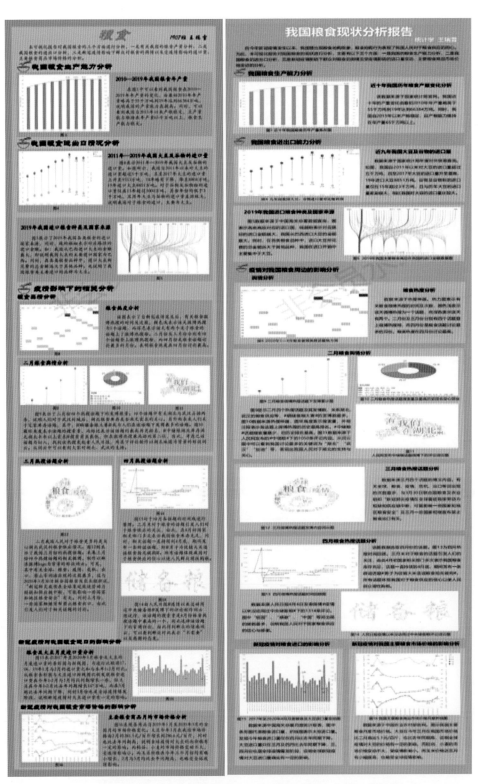

图 12-4　粮食安全可视化实验报告（左图：初稿，右图：终稿）

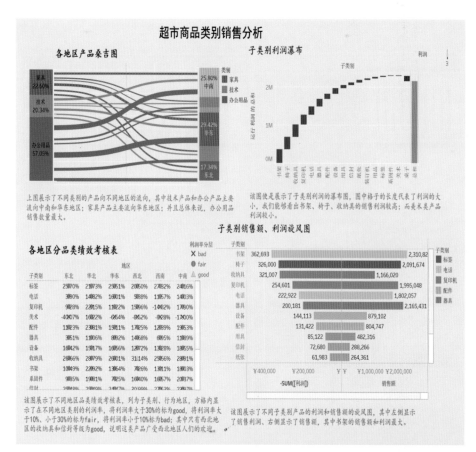

图 12-11　超市销售数据可视化仪表板

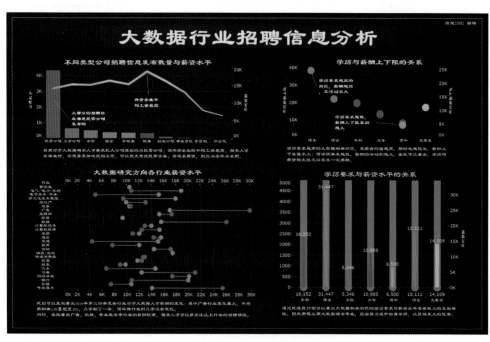

图 12-19　大数据行业招聘信息分析报告